Netzplantechnik

von

Dr. Hans-Jürgen Zimmermann

o. Prof. an der Technischen Hochschule Aachen

mit 83 Abbildungen

Sammlung Göschen Band 4011

Walter de Gruyter

Berlin · New York 1971

 – Satz: Fotosatz Prill, Berlin, Druck: Saladruck, Berlin – Printed in Germany.

ISBN 3 11 00 19515

Inhaltsverzeichnis

Anhang:

1. Stärken und Schwächen der konventionellen Planungsverfahren

1.1 Die Gantt-Chart (Das Balkendiagramm)

Ein Planungsverfahren, das auf den Beginn der wissenschaftlichen Betriebswirtschaftslehre zurückgeht, ist das Verfahren von Henry L. Gantt. Die heute noch praktizierten konventionellen Planungsmethoden sind in der Hauptsache Weiterentwicklungen des Gantt'schen Planungsbogens. Hierbei werden gewöhnlich auf der horizontalen Achse die Zeit und auf der vertikalen Achse Arbeitsgänge aufgezeichnet. Werden geplante Abläufe und wirklich erfolgte Abläufe voneinander unterscheidbar festgehalten, so kann die Gantt-Chart auch als Kontrollinstrument des Arbeitsablaufes angesehen werden.

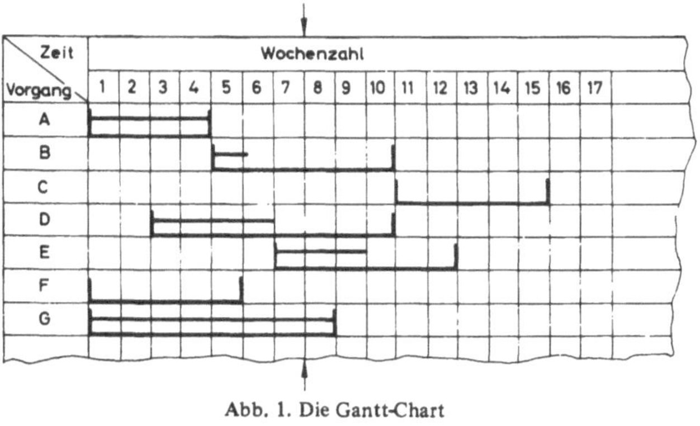

Abb. 1. Die Gantt-Chart

Dem Beispiel[1)] ist zu entnehmen, daß am Ende der siebten Woche

Vorgang A	abgeschlossen sein muß.	Trifft zu.
Vorgang B	zu 50 % erledigt sein sollte.	Trifft nicht zu.
Vorgang C	nicht begonnen haben darf.	Trifft zu.
Vorgang D	zu 62 % fertig sein sollte.	Trifft nicht zu
Vorgang E	etc.	

[1)] Siehe Lockeyer, K.G: Einführung in die Netzplantechnik, Köln 1968, S. 76

Vorteile dieser Darstellung:

1. Die Länge der Balken steht in Beziehung zur Zeit.
2. Das Diagramm selbst wird zur Aufzeichnung des Arbeitsfortschrittes verwendet.
3. Das Gantt-Schema ist auch für Nichtspezialisten sehr informativ; der geplante Arbeitsfortschritt kann jederzeit mit dem erreichten Ergebnis verglichen werden. Ihr Anwendungsbereich ist sehr weit entwickelt.

Schwächen der Gantt'schen Darstellung:

1. Simultane Struktur- und Zeitplanung,
2. Geringe Aussagefähigkeit bezüglich der *Reihenfolge* bzw. Verknüpfung der Vorgänge,
3. Feste Terminierung aller Vorgänge, die zu einem Projekt gehören,
4. Geringe Anpassungsmöglichkeit an veränderte Bedingungen bei der Projektüberwachung,
5. Geringe Aussagefähigkeit bezüglich der Möglichkeiten zur Verbesserung der Abläufe,
6. Begrenzung der Anzahl der Vorgänge aus Gründen der Übersichtlichkeit,
7. Keine Möglichkeit des Einsatzes von Datenverarbeitungsanlagen.

Der heutige Anwendungsbereich des Gantt'schen Planungsbogens liegt *nach* dem Abschluß einer Netzplanuntersuchung, hauptsächlich zur Verdeutlichung des Ergebnisses für die Führungskräfte.

1.2 Die LOB-Technik (Line-of-Balance-Technik)

Dieses Verfahren wurde 1941 von George F. Fouch zur *Auftragsabwicklungskontrolle* entwickelt und bereits während des 2. Weltkrieges beim Beschaffungsprogramm des Navy Bureau of Aeronautiques angewandt. Es enthält bereits die wesentlichen Elemente moderner Netzplantechniken, ist jedoch weniger aufwendig als viele dieser Verfahren. Die Vorgehensweise besteht hierbei gewöhnlich aus zwei Stufen.

1. Festlegung und Aufzeichnung der nach Zeitperioden gegliederten Soll- und Istproduktion, z. B. aufgrund von Lieferkontrakten. (Abbildung 2 zeigt, daß bis Ende Juni 80 Einheiten geliefert werden müssen).

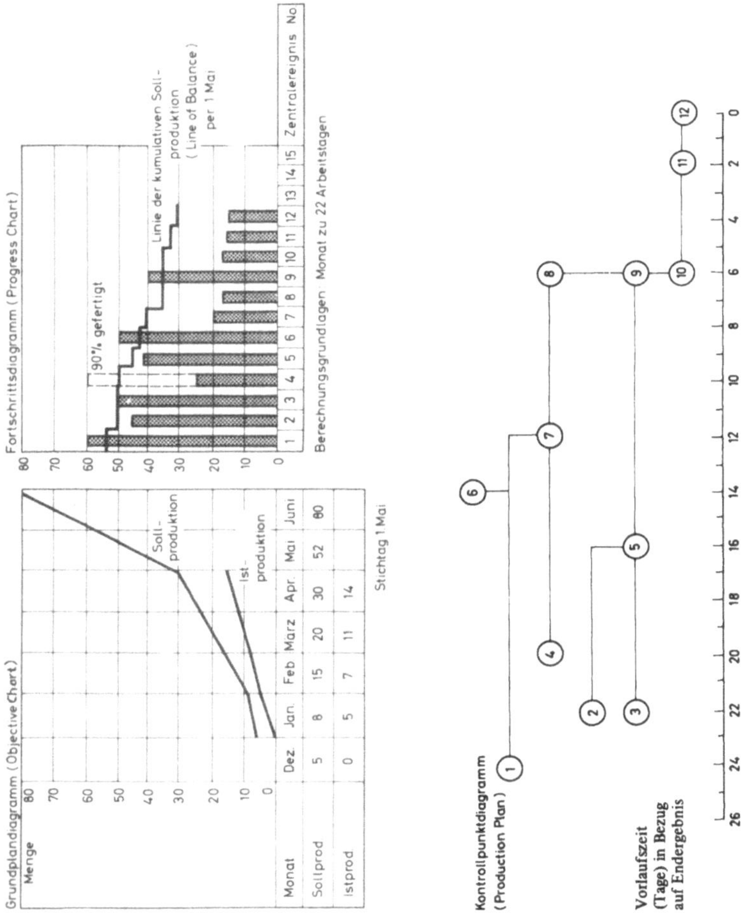

Abb. 2.

1 Einkauf: Ablieferung *a*
2 Fabrikation: Ablieferung *b*
3 Einkauf (Unterlieferanten): Ablieferung *c*
4 Fabrikation: Ablieferung *d*
5 Montage: Beginn *A*
6 Einkauf: Ablieferung *e*
7 Montage: Beginn *B*
8 Montage: Abschluß *B*
9 Montage: Abschluß *A*
10 Montage: Beginn *C*
11 Montage: Abschluß *C*
12 Versand: Ablieferung Fertigprodukt

A, B, C: Baugruppen
a, b, c, d, e: Einzelteile

2. Erfassung des internen Produktionsflusses. Dieser wird an besonders geeigneten Kontrollereignissen gemessen. (Ereignissen, deren Nichteintreten die Fertigstellung der Endprodukte verzögern, z. B. Zukunftsteile, Unteraufträge, Baugruppen etc.)

Die Kontrollereignisse bzw. Produktionsmeßpunkte werden in Form von Bäumen zu einem Kontrollpunktdiagramm zusammengestellt. Die Verbindungslinien der Kontrollereignisse entsprechen maßstäblich den jeweiligen Vorlaufzeiten (Standardzeiten oder Schätzzeiten). Die Zeitenverknüpfung geschieht, ausgehend vom Endergebnis 0, durch eine retrograde Rechnung. Als Zeiteinheiten sind vorzugsweise Arbeitstage oder -wochen zu wählen.

Der Produktionsplan wird für den Fertigungsvorgang einer *einzelnen* Einheit aufgestellt.

Zur Produktionsfortschrittskontrolle wird für jeden Kontrollpunkt die bis zu einem bestimmten Stichtag hergestellte Istproduktion in Form eines Balkendiagrammes aufgetragen (siehe Fortschrittsdiagramm). Anschließend werden die Sollwerte für alle Kontrollpunkte mit Hilfe des Grundplan- und Kontrollpunktdiagrammes graphisch bestimmt. Die abgelesenen Ordinatenwerte werden im Produktionsfortschrittsdiagramm als Treppenkurve eingezeichnet (=Line-of-Balance).

Obiges Beispiel[2] zeigt die bei der LOB-Technik verwandten Diagramme für ein Produkt, dessen Gesamtdurchlaufzeit 24 Tage beträgt. Gemessen wird an 12 Kontrollpunkten und die "Line of Balance" bezieht sich auf den 1. Mai.

Beim Soll-Ist-Vergleich der Fertigprodukte (Grundplandiagramm) wird in unserem Beispiel eine negative Mengenabweichung von 16 Einheiten festgestellt. Zur Interpretation dieser Abweichung wird das Produktionsfortschrittsdiagramm betrachtet. Für dieses Beispiel kann festgestellt werden, daß der Rückstand an Fertigprodukten auf Montageverzögerungen an den Kontrollpunkten 7 und 8 zurückzuführen ist, die wiederum ihren Ursprung in einer Produktionsverzögerung beim Kontrollpunkt 4 haben. Aus dem Diagramm ist weiterhin ersichtlich (Kontrollpunkt 1 und 6), daß die Lieferung der Zukaufteile zu früh erfolgte (hohe Lagerbestände = hohe Kapitalbindung).

Eine Korrektur der Soll-Ist-Abweichung kann anschließend mit den Methoden der quantitativen, intensitätsmäßigen oder zeitlichen Anpassung erfolgen.

[2] Beispiel aus Weber, K: Projektanalyse mit PERT, Industrielle Organisation 1967, S. 184 ff

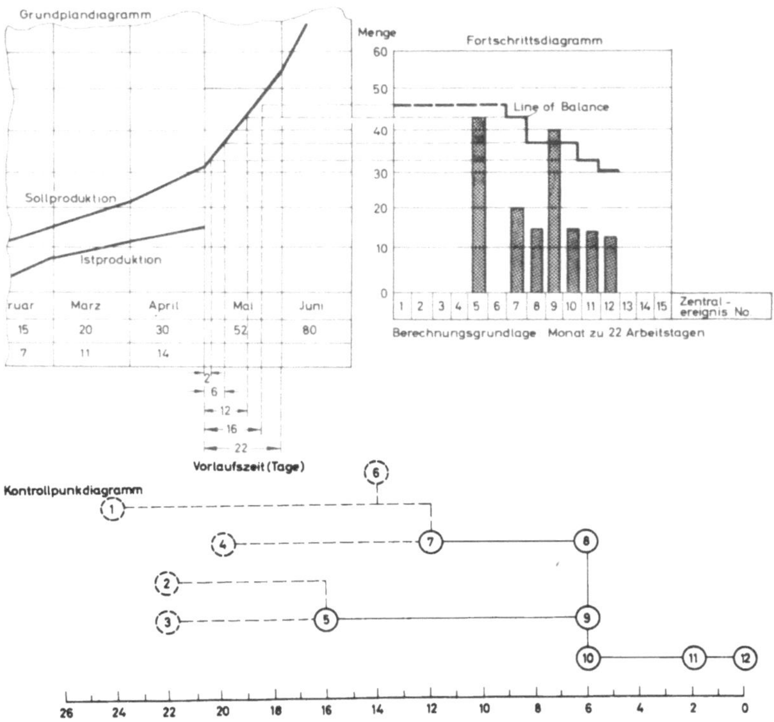

Abb. 3. Beispiel für die Ermittlung der Line-of-Balance für die Montagearbeiten

2. Entwicklung und Grundlagen der Netzplantechnik

2.1 Geschichte

Eine in den fünfziger Jahren von Marshall und Meckling im Auftrag der Rand Corporation angefertigte Studie zeigte die Notwendigkeit einer Verbesserung der konventionellen Planungs- und Kontrollverfahren.

Auf der Kostenseite untersuchten sie bei 22 militärischen Entwicklungsprojekten das Verhältnis der *letzten* vorliegenden Schätzung der durchschnittlichen Fertigungskosten zu der entsprechenden *ersten* Schätzung.

Dieses Verhältnis (Steigerungsfaktor) für 10 ausgesuchte Projekte zeigen folgende Tabellen:[1])

Kampfflugzeuge	Steigerungsfaktor	Bomber	Steigerungsfaktor	Frachter und Tanker	Steigerungsfaktor	Raketen	Steigerungsfaktor
1	4.0	1	4.0	1	1.6	1	6.4
2	2.5	2	2.8	2	1.5	2	6.0
3	2.0	3	1.2	3	0.9	3	2.7
4	1.5			4	0.8	4	7.1
5	2.1					5	1.3
6	1.2						
7	0.8						
8	1.0						
9	0.6						
Durchschnitt	1.7		2.7		1.2		4.1
Gesamtdurchschnitt 2.4							

System	Terminverzug in Jahren	Terminverzug Steigerungsfaktor
1	5.0	2.5
2	3.0	1.6
3	3.0	1.5
4	3.0	1.5
5	2.0	2.0
6	2.0	1.5
7	1.3	1.3
8	0.7	1.2
9	0.5	1.2
10	0.3	1.1
Durchschnitt	2.0	1.5

[1])Siehe: Müller, R.W: Schedule, Cost and Profit with PERT, Mc Graw-Hill 1963, S. 26

Es wurden nun neue Wege beschritten:

In den Jahren 1957/58 wurden drei neuartige Planungsmethoden entwickelt:

1. CPM "Critical Path Method"
   Diese Methode wurde von E. J. du Pont und Remington Rand zur Planung der Wartungs- und Umstellungsarbeiten in der chemischen Industrie entwickelt.
2. PERT "Programm Evaluation and Review Technique" wurde beim Bau der Polaris-Raketen von der US-Navy entwickelt. Die Arbeiten von 11.000 Auftragnehmern waren zu koordinieren. Zeitersparnis ca. 2 Jahre.
3. MPM "Metra-Potential-Methode"
   1958 von der Beratungsfirma SEMA zur Planung von Atomkraftwerken entwickelt.

Aufbauend auf diesen drei Methoden wurde in der Zwischenzeit eine große Anzahl von verfeinerten Verfahren entwickelt (ca. 30, z.B. LESS; CPS; Precedence, RAMPS . . .), die jedoch alle auf den drei oben genannten Verfahren aufbauen. Wir wollen uns daher an dieser Stelle auf eine Darstellung der drei Grundverfahren beschränken (Siehe jedoch Anhang).

2.2 Begriffe der Netzplantechnik

Methoden der Netzplantechnik sind - wie auch Gantt-Charts und die LOB-Technik - Planungs- und Kontrollinstrumente.

Während man sich bei der Benutzung von Balkendiagrammen (Gantt-Charts) auf die zu erledigenden Arbeitsgänge und bei der LOB-Technik auf Zeitpunkte (Kontroll-Punkte) konzentriert, kombiniert man in der Netzplantechnik die zeitraumbezogene mit der zeitpunktbezogenen Betrachtung. Damit kommt man zu folgenden grundlegenden Begriffen der Netzplantechnik:

a) *Projekt:*

   Bezeichnung für ein zu planendes und auszuführendes Vorhaben, Aufgabe, Problem, Ablauf etc.

   Beispiel: Bauvorhaben, Entwicklungsprojekte, Planungsaufgaben, Beschaffungsaufträge etc.

b) *Vorgang (Tätigkeit, Aktivität):*

   Ein Vorgang ist eine *zeitbeanspruchende* Teilarbeit, Handlung, Frist, die zwischen einem Anfangs- und Endzeitpunkt stattfindet.

c) *Ereignis:*

Ereignisse haben keine zeitliche Ausdehnung. Sie stellen Zeitpunkte dar, zu denen bestimmte Teilvorgänge beendet sind oder andere beginnen müssen.

2.3 Elemente eines Netzplanes

Der formale Ablauf des Projektes, d. h. die zeitlichen Zusammenhänge zwischen den Vorgängen bzw. Ereignissen untereinander und zwischen den Vorgängen und Ereignissen können in graphischer, tabellarischer oder algebraischer Form dargestellt werden. Diese Darstellungen nennt man Netzpläne.

Wenden wir uns zunächst der graphischen Darstellungsart zu:

Man stützt sich hierbei auf Darstellungsformen der Graphentheorie und der Theorie der Netzwerke. Jeder Netzplan ist danach ein spezielles Netzwerk.

Alle Netzpläne bestehen grundsätzlich aus zwei Arten von Elementen: *Knoten und Kanten* (Kreisen oder Kästchen und Pfeilen). Netzpläne unterscheiden sich voneinander im wesentlichen in zwei Hinsichten:

1. In der Art der Zuordnung von Ereignissen und Vorgängen zu Knoten und Kanten *(Darstellungsform).*
2. In der Art der Beschreibung von Ereignissen bzw. Vorgängen (d. h. in ihrer *"Orientierung"*).

2.4 Darstellungsformen und Orientierungen von Netzplänen

2.4.1 Darstellungsform

Bei der Darstellung von Projekten in Form von Netzplänen sind die beiden Begriffe des Vorganges und des Ereignisses den zwei Elementen des Netzplanes – dem Knoten und der Kante – zuzuordnen. Dies kann offensichtlich auf verschiedene Weisen erfolgen:

a) Die Vorgänge werden durch Pfeile und die Ereignisse durch Knoten (Kreise) dargestellt *(Pfeildarstellung).*

b) Die Vorgänge werden durch Knoten dargestellt *(Kreisdarstellung).* In diesem Fall verzichtet man auf eine explizite Darstellung der Ereignisse. Die Pfeile deuten bei dieser Darstellungsform lediglich die Zusammenhänge zwischen den Vorgängen an.

2.4.2 Die "Orientierung" von Netzplänen

a) Beschreibt man die Vorgänge eines Projektes in Bezug auf Inhalt und Zeitdauer, so ergeben sich die Ereignisse automatisch als Anfangs- bzw. Endzeitpunkte der Vorgänge. Man spricht in diesem Fall von *"vorgangsorientierten Netzplänen"*. Sie sind immer dann angebracht, wenn man besonders an den einzelnen Arbeitsgängen (z.B. zu Steuerungszwecken) interessiert ist.

b) Beschreibt oder definiert man dagegen die Ereignisse in ihrem Inhalt – sozusagen als Kontrollpunkte im Projektablauf – so bleiben die Vorgänge, die zu den einzelnen Ereignissen führen, im wesentlichen undefiniert, man spricht dann von *"ereignisorientierten Netzplänen"*, die hauptsächlich zu Kontrollzwecken Anwendung finden. Ereignisorientierte Netzpläne enthalten weniger Information als gleich große vorgangsorientierte Netzpläne, da die Zahl der – im vorgangsorientierten Netzplan beschriebenen – Kanten (Pfeile) immer größer ist als die Zahl der – im ereignisorientierten Netzplan beschriebenen – Knoten (Kreise).

c) Im deutschen Sprachgebrauch hat man die möglichen Darstellungs- und Orientierungsarten zu drei Netzplantypen kombiniert:

a) Das Vorgangspfeilnetz: dies ist ein vorgangsorientierter Netzplan in Pfeildarstellung.

b) Das Vorgangsknotennetz: dies ist ein vorgangsorientierter Netzplan in Kreisdarstellung.

c) Das Ereignisknotennetz: hierbei handelt es sich um ein ereignisorientiertes Netz in Pfeildarstellung. (D. h. die Ereignisse werden als Knoten dargestellt).

3. Das Aufstellen und die Berechnung von Netzplänen

Ganz allgemein erfolgt die Analyse eines Projektes mit Hilfe von Netzplänen in drei Stufen:

a) Strukturanalyse,
b) Zeitanalyse,
c) Kosten- und Kapazitätsanalyse.

Diese Stufen sind bei allen Netzplan-Verfahren durchzuführen. Ihr spezieller Inhalt richtet sich nach der Art der benutzten Netzplandarstellung und nach der Art der bei jedem Verfahren gemachten Annahmen über die Eigenschaften der Vorgänge und ihrer gegenseitigen Abhängigkeiten.

So benutzen die schon genannten drei Grundverfahren der Netzplantechnik zur graphischen Darstellung in ihrer ursprünglichen Form jeweils verschiedene Netztypen. Wir finden bei CPM Vorgangspfeilnetze, bei PERT Ereignisknotennetze und bei MPM Vorgangsknotennetze. Im folgenden sollen daher die Analyseverläufe unter Zugrundelegung der drei Netztypen gekoppelt an die drei Grundverfahren dargestellt werden. Neuere Verfahren der Netzplantechnik enthalten gewöhnlich Elemente aller drei Grundtypen.

3.1 Die CPM-Methode (Vorgangspfeilnetze)

3.1.1. Graphische Darstellung von Vorgangspfeilnetzen

Ein Netzplanelement besteht aus einem Vorgang und dessen Anfangs- und Endereignis.

Abb. 4.

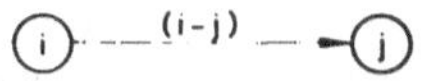

Ein Vorgang kann entweder eine eigene Benennung erhalten oder durch die Nummern i und j jener beiden Ereignisse bezeichnet werden, zwischen denen er stattfindet. i und j sind ganze positive Zahlen.

Grundregeln:

1. Jeder Vorgang beginnt mit einem Ereignis und endet mit einem nachfolgenden Ereignis.

Abb. 5.

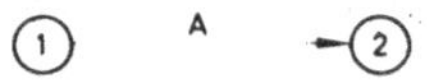

2. Müssen ein oder mehrere Vorgänge beendet sein, bevor ein weiterer beginnen kann, so enden diese alle im Anfangsereignis des nachfolgenden Vorganges.

Abb. 6.

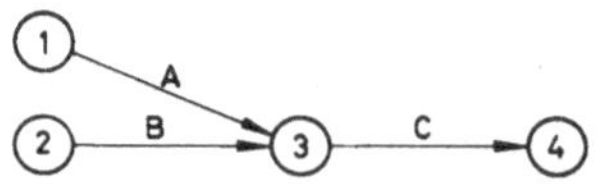

3. Können mehrere Vorgänge beginnen, nachdem ein vorausgegangener beendet ist, so beginnen diese alle im Endereignis des vorausgehenden Vorgangs.

Abb. 7.

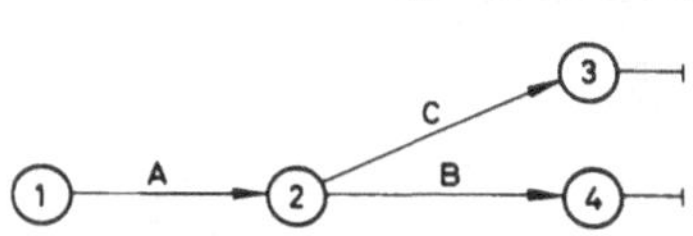

4. Haben zwei Vorgänge gemeinsame Anfangs- und Endereignisse, dann wird die eindeutige Kennzeichnung durch einen Scheinvorgang hergestellt.

Abb. 8.

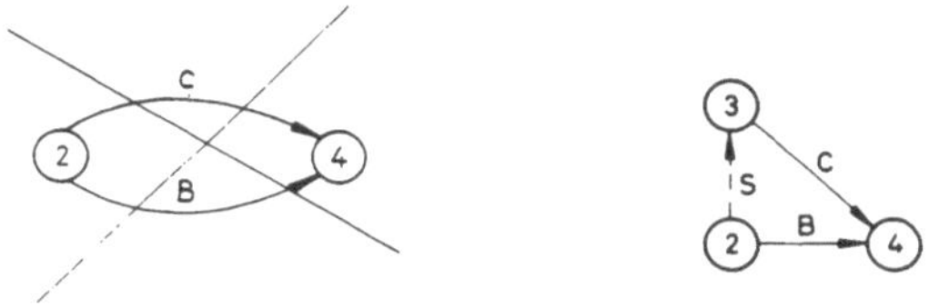

Der Scheinvorgang stellt keinen realen Vorgang dar; er wird zwar wie ein normaler Vorgang behandelt, besitzt aber die *Zeitdauer Null* und verbraucht keine Betriebsmittel.

5. Enden und beginnen in einem Ereignis mehrere Vorgänge, die *nicht* alle voneinander abhängig sind, wird der richtige Ablauf ebenfalls mit Hilfe von Scheinvorgängen hergestellt. Vier Vorgänge A,B,C,D seien gegeben. C kann erst nach Abschluß von A *und* B beginnen. D kann bereits nach Abschluß von B beginnen.

Abb. 9.

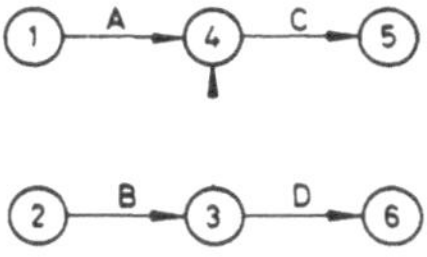

6. Kann ein Vorgang beginnen, bevor der vorhergehende vollständig beendet ist, kann der vorhergehende unterteilt werden.

Abb. 10.

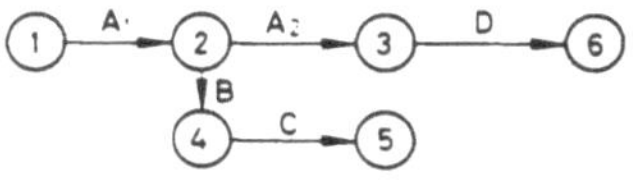

7. In einem Netz dürfen keine Schleifen auftreten.

Abb. 11.

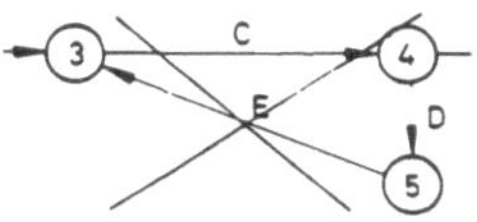

Zusammenfassung:

Vorgangspfeilnetze bedeuten:

1. Pfeile oder Kanten sind eindeutig definierte Vorgänge,
2. Kreise oder Knoten sind nicht eindeutig definierte Ereignisse.
3. Zur eindeutigen Darstellung werden Scheinvorgänge benötigt.

3.1.2 Die Netzplananalyse bei CPM

Wie schon erwähnt, erfolgt die Gesamtanalyse in 3 Stufen:

1. Strukturanalyse,
2. Zeitanalyse,
3. Kosten- und Kapazitätsanalyse.

3.1.2.1 Strukturanalyse

Die Strukturanalyse beinhaltet die Untersuchung der Reihenfolge und der gegenseitigen Beziehungen aller Vorgänge.

Sie besteht aus drei Stufen:

a) Erstellen der Vorgangsliste,

b) Entwurf des Netzplanes,

c) Kontrolle bezüglich der Grundregeln.

Zu a) Bei der Aufstellung der Vorgangsliste sind zu jedem Vorgang folgende Fragen zu beantworten:

1. Welche Vorgänge sind unmittelbar *vor* dem betrachteten Vorgang abzuschliessen (Vorläufer).
2. Welche Vorgänge können unmittelbar *nach* dem betrachteten Vorgang begonnen werden (Nachfolger).
3. Welche Vorgänge können *gleichzeitig* zum betrachteten Vorgang durchgeführt werden (d. h. sind vom betrachteten Vorgang unabhängig).
4. Welche Vorgänge konnen von anderen überlappt werden.

Zur Klärung sei zunächst ein kleines Beispiel gegeben:

Beispiel: *Bau einer Brücke*

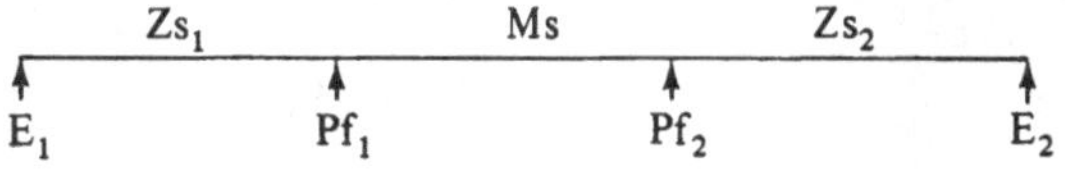

Die Zwischenstücke Zs_1 und Zs_2 werden am Montageort aufgebaut. Das Mittelstück Ms wird, nachdem es zusammengebaut wurde, eingeschwommen.

Vorgangsliste:

	Vorgang	Direkter Vorgänger
A	Allgemeine Planung	–
B	Fertigung aller Einzelteile	A
C	Herstellung Endlager E_1	A
D	Herstellung Endlager E_2	A
E	Herstellung Pfeiler Pf_1	A
F	Herstellung Pfeiler Pf_2	A
G	Montage Zwischenstück Zs_1	B.C.E
H	Montage Zwischenstück Zs_2	B.D.F
I	Montage Mittelstück	B
K	Einschwimmen Mittelstück	E.F.I
L	Eröffnung	G.H.K

Zu b) *Entwurf der Netzpläne*

Der Netzplan kann zwar nun direkt gezeichnet werden, was jedoch ohne weitere Hilfsmittel oft recht schwierig ist. Daher kann man sich des im folgenden gezeigten "Beziehungsschemas" bedienen. In ihm sind die Vorgänger der jeweils betrachteten Vorgänge in den entsprechenden Spalten, die Nachfolger in den jeweiligen Zeilen zu finden.

Betrachteter Vorgang

Vorausgehender Vorgang.	A	B	C	D	E	F	G	H	I	K	L
A		x	x	x	x	x					
B							x	x	x		
C							x				
D								x			
E							x			x	
F								x		x	
G											x
H											x
I										x	
K											x
L											

Der Netzplan kann dann leichter auf Grund dieses Beziehungsschemas erstellt werden.

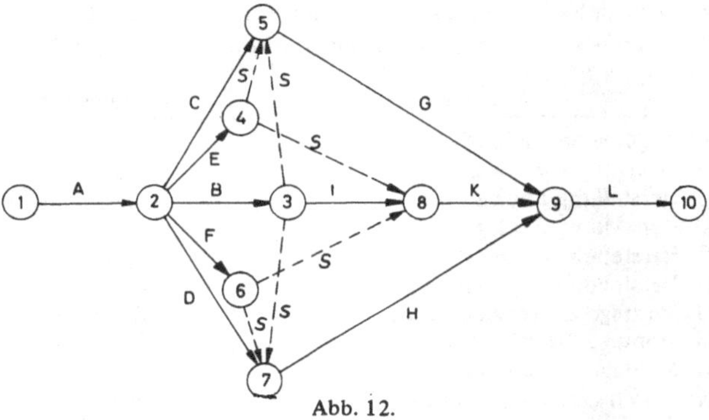

Abb. 12.

Das Beziehungsschema läßt sich aus technischen Gründen nur bei Netzplänen mit relativ wenigen Vorgängen anwenden.

Bei der Aufstellung des Netzplanes sind weiterhin 2 Aspekte zu beachten:

Aufgliederungsgrad:[1])

Der Umfang der als Elemente der Projekte definierten Vorgänge hängt im wesentlichen von der Größe des zu planenden Projektes und – bei Benutzung einer EDV-Anlage – von der Speicherkapazität dieser Anlage ab. In der Praxis hat sich als Richtwert ergeben: Die Vorgänge sollten so definiert werden, daß ihre Dauer nicht weniger als 3‰ der Gesamtprojektdauer beträgt.

Nummerung der Knoten:

Die Knoten werden i. a. vom Projektbeginn nach rechts steigend nummeriert (d. h. $i < j$). Manche Rechnerprogramme fordern sogar eine steigende und fortlaufende Nummerung der Knoten. In neueren Programmen sind die an die Nummerung zu stellenden Forderungen geringer.

3.1.2.2 Die Zeitanalyse bei CPM

Sie besteht wiederum aus drei Stufen:

a) Bestimmung der Vorgangsdauer,

b) Progressive und retrograde Zeitrechnung,

c) Ermittlung des kritischen Weges und der Zeitreserven.

1)Siehe: Thumb, N: Grundlagen und Praxis der Netzplantechnik, München 1968, S. 49

Zu a) Die Bestimmung der Vorgangsdauer verlangt eine genaue Beschreibung der zur Ausführung einer Arbeit vorgesehenen Verfahren. Zu berücksichtigen sind Art und Zahl der Arbeitskräfte, Produktionsmittel etc. und deren zulässige Arbeits- bzw. Laufzeiten.

Die Aussagefähigkeit eines Netzplanes hängt weitgehend von den Zeitangaben ab. Deshalb sollten sie von Fachleuten erteilt werden. (Im Maschinenbau z.B. keine Vorgabezeiten, da Liege- und Transportzeiten nicht berücksichtigt sind).

Die Zeiten der Tätigkeiten sind stochastische Variable, es ist daher die *wahrscheinlichste* Zeit zu nehmen.

In einem Netzplan sollte möglichst nur eine Zeiteinheit verwendet werden, z.B. Monat, Woche, Tage, Stunden, u.a.

Zu b) Berechnung der Zeiten

Aus den Daten eines CPM-Netzplanes lassen sich folgende Ergebnisdaten berechnen:

1. Frühest mögliche Beginn- und Abschlußzeitpunkte der einzelnen Vorgänge und damit auch die minimale Gesamtdauer eines Projektes (Vorwärtsrechnung).
2. Spätest zulässige Beginn- und Abschlußzeitpunkte der einzelnen Vorgänge und zwar unter der Voraussetzung, daß der frühest mögliche Endtermin des Projektes eingehalten wird (Rückwärtsrechnung).
3. Drei verschiedene Arten von Puffer- oder Schlupfzeiten der einzelnen Vorgänge:
   Gesamter Puffer, freier Puffer und unabhängiger Puffer.

Damit sind die
Vier elementaren Zeitpunktgrößen eines Vorgangs:

1. Frühest-mögliche Anfangszeit $FA_{i,j}$
2. Spätest-erlaubte Anfangszeit $SA_{i,j}$
3. Frühest-mögliches Ende $FE_{i,j}$
4. Spätest-erlaubtes Ende $SE_{i,j}$

Die Berechnung dieser Vorgangszeiten erfolgt in zwei Stufen: Zunächst werden je zwei Ereigniszeiten berechnet und danach je vier Zeiten pro Vorgang.

A) *Berechnung der Ereigniszeiten*

1. *Berechnung des frühestmöglichen Zeitpunktes FZ_i für das Ereignis i*

Die frühestmöglichen Zeitpunkte der Knotenereignisse sind durch die Dauer des zeitlängsten Weges vom Startknoten zum Knoten i bestimmt; sie werden errechnet, indem man die Dauer ($D_{i,j}$) der Vorgänge des zeitlängsten Weges, der vom Start zum Ereignis führt, addiert.

2. *Berechnung des spätesterlaubten Zeitpunktes SZ_i für das Ereignis i*

Der spätesterlaubte Zeitpunkt für das Ereignis i wird durch den zeitlängsten Weg vom *Zielereignis* zurück zum Ereignis errechnet.
Ist d_j = längster Zeitabstand des Ereignisses j vom Projektende, und
λ = minimale Gesamtprojektdauer, so ist $SZ_j = \lambda - d_j$

Beispiel[1)]

12 = Früheste Zeit
③ = Ereignisnummer
19 = Späteste Zeit

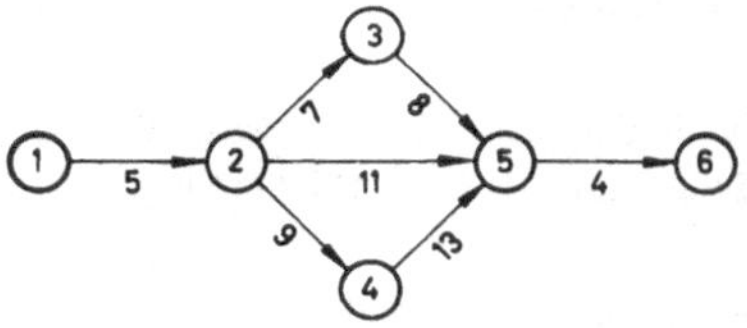

Abb. 13.

Praktische Hinweise für die Berechnung der FZ_i bzw. SZ_i

Wird die Berechnung der Zeiten manuell durchgeführt, so ist es wichtig, sich an ein bestimmtes Format und eine bestimmte Vorgehensweise zu halten. Bewährt hat sich – bei Berechnung im Netzplan – folgende Vorgehens- und Darstellungsweise:

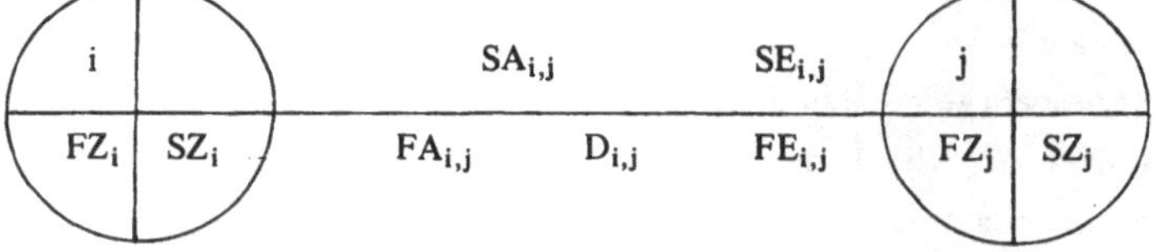

1) aus: Thumb, a.a.O. S. 62

FZ_i: Beginne vom Startknoten mit $FZ_i = 0$ nach rechts in Pfeilrichtung. Schreibe unter jeden Pfeil frühesten Anfang bzw. Ende des Vorganges. In den Knoten wird FE_{max} aller einmündenden Vorgänge eingetragen.

SZ_i: Ausgangspunkt der Rechnung ist der Zielknoten $FZ_n = SZ_n = \lambda$. Die Rechnung erfolgt nun entgegen der Pfeilrichtung nach der Formel $SZ_i = \lambda - d_i$. Für jeden "Abgänger" vom Ereignis i ist der Wert d_i zu errechnen.

Formalisiert und vereinfacht werden kann die Errechnung der Ereigniszeiten ferner durch die Verwendung von matrixartigen Tabellen. Die in diesem Fall zu befolgende Vorgehensweise wird an folgendem Beispiel demonstriert:

Beispiel:

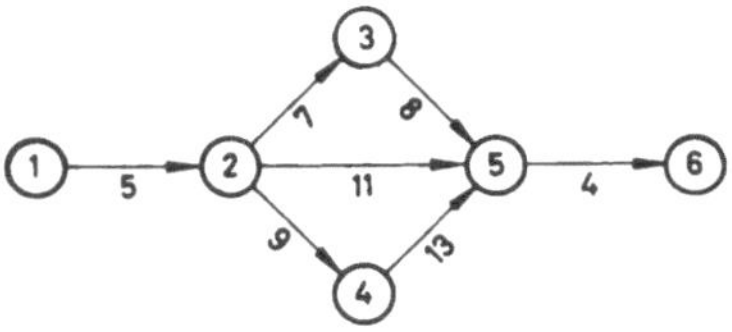

Abb. 14.

	FZ	i \ j	1	2	3	4	5	6
Starttermin	0	1		5				
	5	2			7	9	11	
	12	3					8	
	14	4					13	
	27	5						4
Minimale Projektdauer	31	6						

Rechengang:

Verwendet wird obige Matrix. In die durch Anfangsereignisse (i) und Endereignisse (j) gebildeten Felder werden die Dauern der Vorgänge (i,j) eingetragen.

1. *Berechnung der frühesten Zeiten FZ:*

Die Spalten j geben an, welche Vorgänge für das Erreichen des Ereignisses i abgeschlossen sein müssen. Für Ereignis 2 muß z. B. Vorgang (1,2) mit der Dauer 5 abgeschlossen sein. Der früheste Zeitpunkt für Ereignis 2 ist:

Frühester Anfangszeitpunkt (FZ) der Tätigkeit (1,2) plus Tätigkeitsdauer $D_{1,2}$:

$$0 + 5 = 5$$

Für Ereignis 3 muß Vorgang (2,3) mit Dauer 7 beendet sein:

$$FZ_3 = FZ_2 + D_{2,3} = 5 + 7 = 12$$
$$FZ_4 = FZ_2 + D_{2,4} = 5 + 9 = 14$$

Für das Eintreten von Ereignis 5 müssen drei Vorgänge mit den Zeitdauern 11, 8, 13 beendet sein. Der früheste Zeitpunkt für Ereignis 5 ergibt sich aus der *größten Summe* von:

$$FZ_5 = \max \begin{cases} FZ_3 + D_{3,5} = 12 + 8 = 20 \\ FZ_2 + D_{2,5} = 5 + 11 = 16 \\ FZ_4 + D_{4,5} = 14 + 13 = 27 \end{cases}$$

also $FZ_5 = 27$

Schrittweise wird auf diese Art die gesamte Matrix errechnet.

2. *Berechnung der spätesten Zeiten SZ:*

Zur Berechnung der spätesterlaubten Zeitpunkte wird für das Endereignis der frühestmögliche und der spätesterlaubte Zeitpunkt gleichgesetzt:

$$FZ_n = SZ_n$$

Die Rückwärtsrechnung für die spätesterlaubten Zeiten besteht in einer sukzessiven Subtraktion der Vorgangszeiten von den spätesterlaubten Zeiten der Ereignisse j. Bei Verzweigungen ist die *kleinste Differenz* maßgebend.

FZ	i \ j	1	2	3	4	5	6
0	1		5				
5	2			7	9	11	
12	3					8	
14	4					13	
27	5						4
31	6						
SZ		0	5	19	14	27	31

Die spätesterlaubte Zeit für Ereignis 2 ergibt sich aus:

$$SZ_2 = \min \begin{cases} SZ_3 - D_{2,3} = 19 - 7 = 12 \\ SZ_4 - D_{2,4} = 14 - 9 = 5 \\ SZ_5 - D_{2,5} = 27 - 11 = 16 \end{cases}$$

$$SZ_2 = 5$$

B) *Errechnung der Vorgangszeiten*

Bei vorgangsorientierten Netzplänen – wie z. B. bei CPM – erfolgt nun die Berechnung der Vorgangszeiten aufgrund der bereits errechneten Ereigniszeiten unter Benutzung folgender Zusammenhänge:

Frühestmöglicher Beginn:	$FA_{i-j} = FZ_i$
Frühestmögliches Ende:	$FE_{i-j} = FZ_i + D_{i,j}$
Spätesterlaubter Beginn	$SA_{i-j} = SZ_j - D_{i,j}$
Spätesterlaubtes Ende	$SE_{i-j} = SZ_j$
Maximal verfügbare Zeit:	$SZ_j - FZ_i$

Hierbei hat sich die Benutzung von Formularen wie z.B. dem auf Seite 26 gezeigten als sehr nützlich erwiesen.

Zu c) Kritischer Pfad und Pufferzeiten

Kritischer Pfad

Wenn die maximal für einen Vorgang verfügbare Zeit gleich dessen Dauer ist, d.h. wenn

$$SZ_j - FZ_i = D_{i,j}$$

wird der Vorgang als kritisch bezeichnet. Zieht sich eine ununterbrochene Folge von kritischen Vorgängen vom Beginn bis zum Endereignis des Projektes, wird diese Folge als kritischer Pfad bezeichnet (critical path). Die Verzögerung eines kritischen Vorganges verlängert im gleichen Maße die Dauer des gesamten Projektes.

Ein kritischer Pfad ist dann vorhanden, wenn:

$$\lambda = FZ_n \,.$$

Für kritische Vorgänge gilt:

$$FZ_i = SZ_i; \qquad FZ_j = SZ_j$$

d. h. frühestmögliche und spätestmögliche Zeiten fallen zusammen.

Pufferzeiten

Unter Pufferzeiten versteht man die Zeitreserven, um die ein Vorgang verschoben werden kann bzw. seine Dauer ausgedehnt werden kann, ohne daß der Endtermin des Projektes beeinflußt wird.

Man unterscheidet drei Arten von Pufferzeiten:

1. *Gesamt-Pufferzeit* (total float): $GP_{i,j} = SZ_j - FZ_i - D_{i,j}$

Die Gesamt-Pufferzeit gibt an, um wieviel sich ein Vorgang bestenfalls verschieben läßt. Alle Vorgänge längs des kritischen Weges haben die Gesamt-Pufferzeit GP = 0.

2. *Freie Pufferzeit* (free float): $FP_{i,j} = FZ_j - (FZ_i + D_{i,j})$.
Die freie Pufferzeit gibt an, um wieviel Zeiteinheiten der Vorgang (i – j) verschoben werden kann, ohne daß der frühestmögliche Beginn des nachgeordneten Vorganges beeinflußt wird.

3. *Unabhängige Pufferzeit* (independent float):

$UP_{i,j} = \max [0,(FZ_j - D_{i,j} - SZ_i)]$
Die unabhängige Pufferzeit gibt den Zeitraum an, in dem sich ein Vorgang (i, j) verschieben läßt, wenn der Vorläufer zum spätesten Termin endet und der Nachfolger zum frühesten Anfang beginnen soll.
Graphisch lassen sich diese Zusammenhänge wie folgt darstellen:

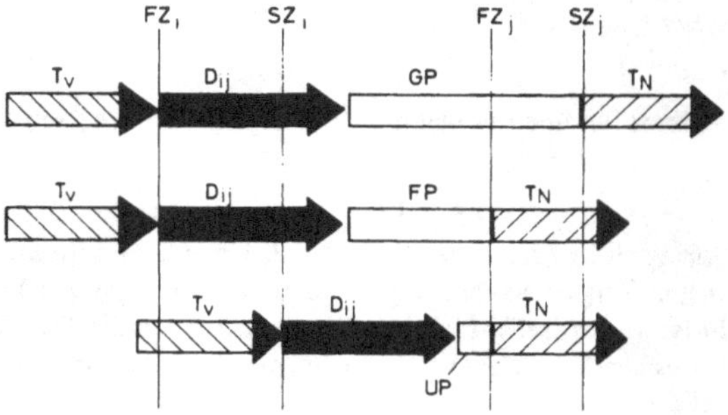

Abb. 15.

Pufferzeiten und Kapazitätsauslastung:

Wenn ein Vorgang über Pufferzeit verfügt, kann dies bedeuten, daß die Arbeitskräfte bzw. Betriebsmittel, die zur Erledigung dieses Vorganges zur Verfügung stehen, nicht voll ausgenutzt werden.

Beispiel: Die wirkliche Dauer einer Tätigkeit sei 15 Wochen, die verfügbare Zeit betrage 23 Wochen, der Schlupf beträgt also 8 Wochen.

Die Tätigkeit binde die Betriebsmittel für die gesamte Dauer. Der Ausnutzungsgrad ist dann:

$$15/23 \times 100\,\% = 65{,}2\,\%$$

Um den Ausnutzungsgrad zu steigern, kann ein Teil der Betriebsmittel abgezogen werden, so daß nur 65,2 % für den Vorgang belassen werden. Dadurch wird zur Ausführung des Vorgangs die volle Zeit von 23 Wochen benötigt, somit aber der Vorgang kritisch. Werden alle Arbeitsmittel voll ausgenutzt, wird das gesamte Netzwerk kritisch, damit aber unflexibel.

Pufferzeiten zeigen also sowohl ungenutzte Kapazitäten als auch eine gewisse Flexibilität des Netzwerkes an.

Beispiel zur Zeitanalyse nach CPM[2])

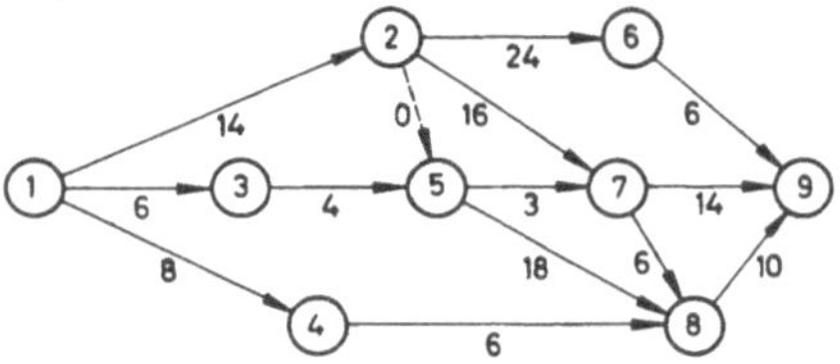

Abb. 16.

FZ	i \ j	1	2	3	4	5	6	7	8	9
0	1		14	6	8					
14	2					0	24	16		
6	3					4				
8	4								6	
14	5							3	18	
38	6									6
30	7								6	14
36	8									10
46	9									
SZ		0	14	14	30	18	40	30	36	46

2) Beispiel aus Thumb, a.a.O., S. 88

Schema für die Zeitanalyse nach der CPM-Methode

		frühester Zeitpunkt i frühester Anfang (i-j)	spätester Zeitpunkt i	frühester Zeitpunkt j	spätester Zeitpunkt j spätestes Ende (i-j)	Dauer Tätigkeit (i-j)	frühestes Ende (i-j)	spätester Anfang (i-j)	ges. Pufferzeit	freie Pufferzeit	unabh. Pufferzeit UP = max[0, (5–4–7)]
i	j	FZ(i) FA(i,j)	SZ(i)	FZ(j)	SZ(j) SE(i,j)	D(i-j)	FE(i,j)	SA(i,j)	GP	FP	UP
1	2	3	4	5	6	7	8	9	10	11	12
							3 + 7	6 - 7	6 - 8	5 - 8	5-4-7
1	2	0	0	14	14	14	14	0	0	0	0
1	3	0	”	6	14	6	6	8	8	0	0
1	4	0	”	8	30	8	8	22	22	0	0
2	5	14	14	14	18	–	14	18	4	0	0
2	6	14	”	38	40	24	38	16	2	0	0
2	7	14	”	30	30	16	30	14	0	0	0
3	5	6	14	14	18	4	10	14	8	4	0
4	8	8	30	36	36	6	14	30	22	22	0
5	7	14	18	30	30	3	17	27	13	13	9
5	8	14	”	36	36	18	32	18	4	4	0
6	9	38	40	46	46	6	44	40	2	2	0
7	8	30	30	36	36	6	36	30	0	0	0
7	9	30	”	46	46	14	44	32	2	2	0
8	9	36	36	46	46	10	46	36	0	0	0

3.2 Die Aufstellung und Berechnung von Netzplänen nach PERT (bei Ereignisknotennetzen)

3.2.1 Graphische Darstellung bei Ereignisknotennetzen

Wie schon erwähnt, werden bei Ereignisknotennetzen die Ereignisse definiert (beschrieben). Die Ereignisse werden – wie bei Vorgangs-Pfeilnetzen – durch Knoten (Kreise) dargestellt. Die Pfeile deuten lediglich die vorgeschriebene Reihenfolge der Ereignisse an. Damit unterscheiden sich Ereignisknotennetze in ihrer äußeren Form nicht von Vorgangsknotennetzen und es gelten analoge Darstellungsregeln wie sie unter 3.1.1 für Vorgangspfeilnetze dargestellt wurden.

3.2.2 Die Strukturanalyse

Es wurde bereits erwähnt, daß PERT in seiner ursprünglichen Form ereignisorientiert konzipiert wurde. Ferner bediente man sich – wie bei CPM – der Pfeildarstellung. Dies führt nach deutscher Terminologie bei graphischer Darstellung zu sogenannten Ereignisknotennetzen. Statt, wie bei CPM, mit der Erstellung einer Vorgangsliste zu beginnen, stellt man bei PERT eine Liste aller relevanten Ereignisse zusammen. Aufgrund dieser Ereignisliste, in der die Reihenfolgevorschriften zwischen den Ereignissen enthalten sein müssen, wird dann der Netzplan erstellt.

Für das Beispiel eines Hausbaues könnten z.B. folgende Ereignisse definiert werden:

Ereignisliste zu diesem Beispiel: [3] (Bau eines Hauses)

Ereignis	vorhergehende Ereignis
0 = Baubeginn	-
1 = Aushub beendet	0
2 = Kellergeschoß fertig	1
3 = Öltank installiert	1
4 = Rohbau-Obergeschoß fertig	2
5 = Heizzentrale montiert	2,3
6 = Installationen verlegt	2, 4
7 = Innenausbau beendet	4
8 = Gebäude bezugsfertig	5, 6, 7

[3] Beispiel nach: Bubeck, P.: Methoden der NPT, VDI-Bildungswerk BW 702.

Der sich daraus ergebende Netzplan könnte dann folgende Form haben:

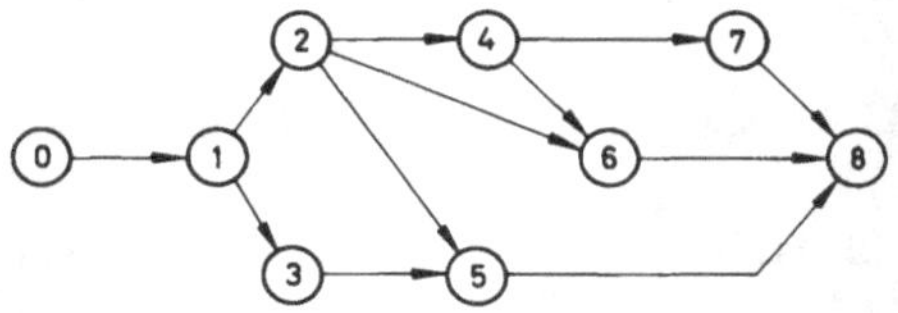

Abb. 17.

Nun wird auch ersichtlich, warum der ereignisorientierte Netzplan weniger informativ als der vorgangsorientierte Netzplan ist: Man betrachte z. B. die Pfeile 7–8, 6–8, 5–8. Über die während dieser Zeitspannen auflaufenden Vorgänge können wir bei dem obigen Netzplan lediglich Vermutungen anstellen, während sie beim vorgangsorientierten Netzplan genau definiert wären. Ereignisorientierte Netzpläne eignen sich daher besonders für Kontrollzwecke, bei denen nur der Fortschritt des *Projektes* und nicht der Fortschritt der einzelnen Vorgänge interessiert.

Ansonsten gelten für die Aufstellung und Überprüfung des Netzplanes die bereits beschriebenen Regeln für vorgangsorientierte Netzpläne, soweit sie für ereignisorientierte Netzpläne relevant sind. (So gelten z. B. die gleichen Regeln bezüglich der Schleifenbildung, während die Darstellungsregel für überlappende Vorgänge hier nicht zum Tragen kommt).

3.2.3 Die Zeitplanung bei PERT

3.2.3.1 Die Vorgangsdauer als stochastische Größe

Der wesentliche Unterschied zwischen CPM und PERT liegt in der Bestimmung der Vorgangsdauern. Während man bei CPM mit deterministischen Zeiten rechnet, berücksichtigt man bei PERT die Tatsache, daß die geschätzten Zeiten im besten Fall Mittelwerte sind, die aufgrund statistischer Untersuchungen gefunden wurden. Gewöhnlich werden es sogar nur mehr oder weniger genaue Schätzungen der voraussichtlichen Zeitdauern sein.

Für die Beschreibung der Zufallsvariablen "Vorgangsdauer" reicht gemeinhin deren Mittelwert und Varianz. Diese beiden Kennzahlen lassen sich eventuell aus den tatsächlich gemachten Messungen errechnen (was recht aufwendig sein kann). Falls man jedoch die Verteilungsfunktion der Variablen kennt, so kann die Errechnung von Mittelwert und Varianz auf weniger aufwendige

Weise erfolgen. Für die Verwendung bei PERT sollte die der Vorgangsdauer unterliegende Verteilung möglichst 4 Eigenschaften haben:

1. Sie sollte durch wenige Parameter bestimmt sein.
2. Sie sollte unsymetrisch und zwar nach links geneigt sein. (Aus "Vorsichtsgründen" werden Zeitschätzungen öfter "zu lang" gemacht)
3. Ihre Werte sollten in einem begrenzten Intervall liegen.
4. Die Kennwerte sollten sich möglichst einfach berechnen oder annähern lassen.

Diesen Bedingungen genügt die sogenannte Beta-Verteilung, falls man einige Annahmen machen kann.

Die Beta-Verteilung

Die Gleichung der durch folgende Abbildung illustrierten Beta-Verteilung, die den wirklichen Verhältnissen am nächsten kommen soll, lautet[4)]

$$f(t) = k(t - a)^{\alpha} (b - t)^{\beta}$$

mit

$$k = \frac{1}{\gamma(\alpha + 1, \beta + 1)}$$

H = Häufigkeit

t = Zeit ·

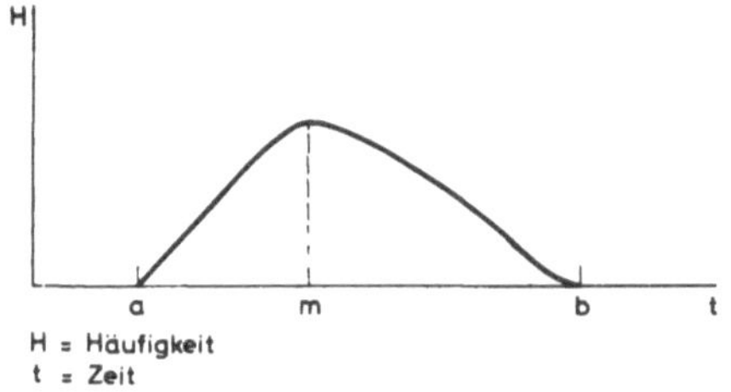

Abb. 18.

4) Wir wollen bei PERT – um den Unterschied zu den deterministischen CPM-Zeiten anzudeuten – die Zeiten zwischen den Ereignissen mit $t_{i,j}$ bezeichnen. Die Ereigniszeiten sind dann entsprechend $t_{s(i)}$ (späteste Zeit v. Ereignis i) und $t_{F(i)}$ (früheste Zeit von Ereignis i).

Im Intervall a – b liegen 100% aller möglichen Werte, d. h. die Wahrscheinlichkeit, daß die tatsächliche Zeit in dem Bereich a – b liegt, ist

$$W = \int_a^b f(t)dt = 1$$

m ist der häufigste Wert der Zeitverteilung oder das Maximum der Beta-Funktion (das sich z. B. mit Hilfe der Differentialrechnung bestimmen läßt).

Der Mittelwert oder Erwartungswert der Beta-Verteilung, t_e, läßt sich – bei bekanntem m – dann nach der Formel

$$t_e - m = \frac{2}{\alpha + \beta + 2}\left(\frac{a + b}{2} - m\right)$$

berechnen.

Die für die Praxis am besten geeignete Form der Beta-Verteilung soll sich nach amerikanischen Angaben ergeben für

$$(\alpha + \beta) = 4$$

In diesem Fall ergibt sich der Mittelwert aus der obigen Formel zu

$$t_e = \frac{a + 4m + b}{6}$$

Unter den gleichen Annahmen ergibt sich (nach Breitenberger)[5)] die Varianz σ^2 angenähert zu

$$\sigma^2 = \left(\frac{b - a}{6}\right)^2$$

oder die Standardabweichung zu

$$\sigma = \frac{b - a}{6}$$

Die beiden Kennzahlen der Verteilung – Mittelwert und Varianz – lassen sich also aus den drei Werten a, b und m berechnen. Diese Werte interpretiert man bei PERT wie folgt:

1. Die optimistischste Tätigkeitsdauer a
2. Die wahrscheinlichste Tätigkeitsdauer m
3. Die pessimistischste Tätigkeitsdauer b

5) Breitenberger, Ernst: Development projects as stochastic processes, Dahlgren 1959.

a ist diejenige Dauer, die unter besonders günstigen Arbeitsbedingungen erreicht wird.

m ist die wahrscheinlichste Dauer, die unter normalen Bedingungen eintreten wird. Häufigste Dauer bei mehrmaliger Ausführung.

b ist diejenige Dauer, die unter besonders ungünstigen Bedingungen für die Ausführung benötigt wird. Schwierig zu definieren. Sollte nur im Katastrophenfall überschritten werden.

3.2.3.2 Die eigentliche Zeitanalyse

Die Bestimmung der frühesten und spätesten Zeiten der Ereignisse erfolgt unter Zugrundelegung der errechneten t_e wie bei CPM mit Hilfe einer Vorwärts- und einer Rückwärtsrechnung. Eine tätigkeitsbezogene Zeitrechnung wie bei CPM kann bei ereignisbezogenen Netzplänen natürlich unterbleiben.

Statt der bei CPM bestimmten "Kritischen Vorgänge" werden bei PERT kritische Ereignisse bestimmt. Dies sind Ereignisse, deren früheste Zeiten gleich den spätesten Zeiten sind. (Also Ereignispuffer = Null).

Ein kritischer Pfad ist entsprechend eine Folge von kritischen Ereignissen, die sich vom Beginn des Netzplanes bis zu dessen Ende zieht.

Die bei PERT aus den Mittelwerten der Vorgangszeiten errechneten Ereigniszeiten sind nun wiederum Erwartungswerte. Geht man davon aus, daß die Vorgangsdauern voneinander unabhängig sind, so kann man annehmen, daß die Ereigniszeiten "normal verteilt" sind, d.h. daß ihre Verteilung der "Gauß'schen Fehlerkurve" entspricht.

Unter diesen Umständen gilt folgendes:

Die Varianz dieser angenommen Normalverteilung ergibt sich durch Summierung der Varianzen der Vorgangsdauern.

$\sigma^2(t_{Fi}) = \Sigma\sigma^2{}_{te}$ summiert auf dem längsten Weg von 0 nach i (d. h. vom Beginn bis zum Ereignis i).

$\sigma^2(t_{Si}) = \Sigma\sigma^2{}_{te}$ summiert auf dem längsten Weg von n nach i. (d. h. vom Projektende bis zum Ereignis i).

Fallen bei einem Ereignis der früheste und späteste Zeitpunkt nicht zusammen, so liegt eine Zeitreserve, die sogenannte Schlupfzeit vor (t_{SL}).

Es ist dann:

$$t_{SL} = t_{S(i)} - t_{F(i)}$$

Die Schlupfzeit wird ebenfalls mit Hilfe von Erwartungswerten errechnet und ist damit selbst ein Erwartungswert und mit Streuung behaftet. Hierfür gilt:

$$\sigma^2[t_{SL(i)}] = \sigma^2[t_{F(i)}] + \sigma^2[t_{S(i)}]$$

Für jedes Ereignis kann die Wahrscheinlichkeit, mit der ein Schlupf auftritt, berechnet werden.

Die Errechnung dieser Wahrscheinlichkeiten aus der Funktion der Normalverteilung

$$y = \frac{1}{\sigma\sqrt{2\pi}}\, e^{-\frac{x^2}{2\sigma^2}}$$

ist offensichtlich recht aufwendig.

Man geht daher den Weg der graphischen oder tabellarischen Ermittlung.

Hierzu führt man folgende neue Variable ein:

$$z = \frac{x}{\sigma}$$

$$v = \frac{y}{y_{max}} = \frac{y}{\frac{1}{\sigma\sqrt{2\pi}}}$$

Die Normalverteilung läßt sich dann schreiben als

$$v = e^{\frac{-z^2}{2}}$$

und man spricht von einer "standardisierten" Normalverteilung. Bei einer graphischen Darstellung dieser Funktion werden die Ordinaten als Bruchteil der höchsten Ordinate gemessen und die Abzissen geben die Entfernung x vom Mittel – gemessen in Standardabweichungen – an.

Die Kurve reicht (wie vorher) von $-\infty$ bis $+\infty$ und für die Fläche unter der Kurve gilt:

$$F = \int_{-\infty}^{+\infty} e^{\frac{-z^2}{2}}\, dz = 1$$

Dies ist gleichzeitig die Ordinate der sogenannten "Summerkurve" – auch "Gauß'sche Integralkurve" genannt.

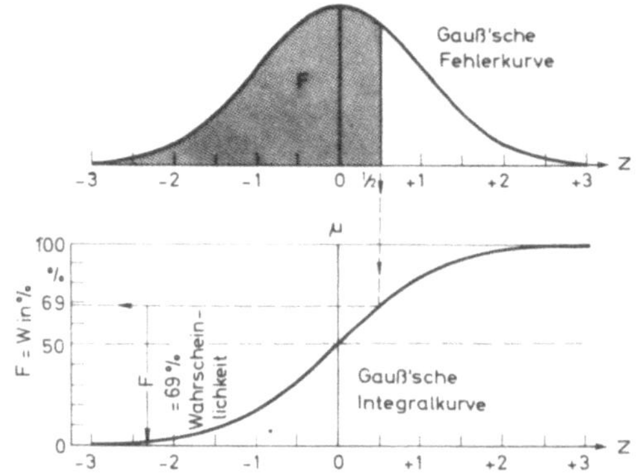

Abb. 19.

$$F = \int_{-\infty}^{z} e^{\frac{-z^2}{2}} \quad dz$$

- Z	F	+ Z	F
0.0	0.5000	0.0	0.5000
- 0.1	0.4602	+ 0.1	0.5398
- 0.2	0.4207	+ 0.2	0.5793
- 0.3	0.3821	+ 0.3	0.6179
- 0.4	0.3446	+ 0.4	0.6554
- 0.5	0.3085	+ 0.5	0.6915
- 0.6	0.2743	+ 0.6	0.7257
- 0.7	0.2420	+ 0.7	0.7580
- 0.8	0.2119	+ 0.8	0.7881
- 0.9	0.1841	+ 0.9	0.8159
- 1.0	0.1587	+ 1.0	0.8413
- 1.1	0.1357	+ 1.1	0.8643
- 1.2	0.1151	+ 1.2	0.8849
- 1.3	0.0968	+ 1.3	0.9032
- 1.4	0.0808	+ 1.4	0.9192
- 1.5	0.0668	+ 1.5	0.9332
- 1.6	0.0548	+ 1.6	0.9452
- 1.7	0.0446	+ 1.7	0.9554
- 1.8	0.0359	+ 1.8	0.9641
- 1.9	0.0287	+ 1.9	0.9713
- 2.0	0.0228	+ 2.0	0.9773
- 2.1	0.0179	+ 2.1	0.9821
- 2.2	0.0139	+ 2.2	0.9861
- 2.3	0.0107	+ 2.3	0.9893
- 2.4	0.0082	+ 2.4	0.9918
- 2.5	0.0062	+ 2.5	0.9938

Da die Wahrscheinlichkeit dafür, daß die eintretenden Zeiten kleiner oder gleich einer Zeit t gleich der links von der Abzisse t unter der Glockenkurve liegenden Fläche ist, läßt sich die Wahrscheinlichkeit bei bekanntem z leicht aus Glocken- oder Summenkurve ablesen.
(Siehe Beispiel in folgender Abbildung für z = 0,5).

Folgende z-Werte können u.a. errechnet werden:

1. Die Wahrscheinlichkeit für das Eintreten eines Puffers:

$$z = \frac{t_{S(i)} - t_{F(i)}}{\sqrt{\sigma^2_{S(i)} + \sigma^2_{F(i)}}} = \frac{t_{SL}}{\sigma(t_{SL})}$$

2. Die Wahrscheinlichkeit für das Einhalten eines geplanten Endtermines t_p

$$z = \frac{t_p - t_{F(n)}}{\sigma_{F(n)}}$$

Den Ablauf einer Zeitplanung nach PERT zeigt folgendes Beispiel:

Beispiel:[6]

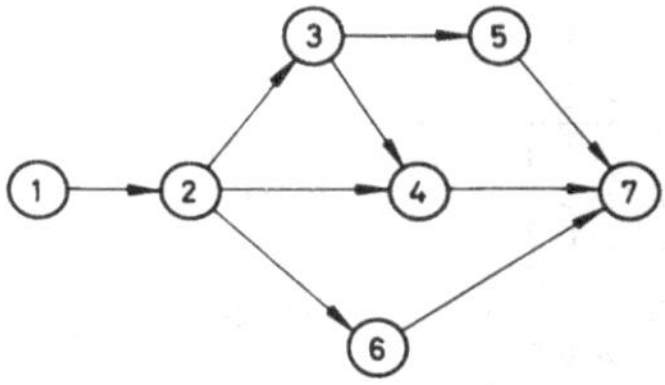

Abb. 20.

Die Wahrscheinlichkeitsrechnung bei PERT wurde schon oft angegriffen. Von vielen PERT-Programmen ist bekannt, daß sie zwar dreifache Zeitschätzungen zulassen, Wahrscheinlichkeitsrechnungen jedoch nicht gestatten. Z. B. IBM-PERT/COST II.

Die bei PERT verwandte Art der Zeitplanung ist ebenfalls aus verschiedenen Gründen angegriffen worden. So z.B. aus dem Grunde, daß nur eine höhere Genauigkeit als bei CPM (durch 3 Zeitschätzungen!) vorgetäuscht werde. Ein anderes Argument ist, daß die u. U. aufwendigen Wahrscheinlichkeitsberechnungen zu einem zu geringen Informationszuwachs führten, als daß sie gerechtfertigt seien.

[6] Beispiel aus: Bubeck, P., a.a.O.

Zeitplanung zu Abb. 20:

i	j	a	m	b	t_e	σ_{te}	$\sigma^2{}_{te}$
1	2	2	4	6	4,0	0,66	0,44
2	3	5	8	13	8,3	1,33	1,76
2	4	4	5	7	5,2	0,50	0,25
2	6	8	10	15	10,5	1,17	1,36
3	5	2	5	9	5,2	1,17	1,36
3	4	7	8	12	8,5	0,83	0,69
4	7	6	8	10	8,0	0,67	0,45
5	7	7	10	15	10,3	1,34	1,80
6	7	5	10	12	9,5	1,17	1,36

i	t_f	$\sigma^2{}_{t_f}$	t_s	$\sigma^2{}_{t_s}$	t_{SL}	$W_{t_{SL}}$
1	0,0	0,0	0,0	3,34	0,0	0,50
2	4,0	0,44	4,0	2,90	0,0	0,50
3	12,3	2,20	12,3	1,14	0,0	0,50
4	20,8	2,89	20,8	0,45	0,0	0,50
5	17,5	3,56	18,5	1,80	1,0	0,66
6	14,5	1,80	19,3	1,36	4,8	0,99
7	28,8	3,34	28,8	0,00	0,0	0,50

Hierzu ist zu sagen, daß PERT sicher dort seine Berechtigung hat, wo die Vorgangszeiten tatsächlich nur sehr ungenau (im Voraus) geschätzt werden können (wie z. B. auf dem Gebiet der Forschung und Entwicklung) *und* in denen die Benutzer von PERT tatsächlich die ihnen gebotene Wahrscheinlichkeitsinformation nützen können.

Falls diese beiden Bedingungen nicht erfüllt sind, erscheint es sinnvoller – und wirtschaftlicher – auf die aufwendigen Zusatzrechnungen, die mit der Bestimmung von Mittelwerten, Varianzen und Wahrscheinlichkeiten verbunden sind, zu verzichten.

3.3 Die Metra-Potential-Methode
(Netzplantechnik mit Vorgangs-Knotennetzen)

3.3.1 Die graphische Darstellung bei Vorgangsknotennetzen

Im Gegensatz zu den bereits besprochenen Netzplantypen werden bei Vorgangsknotennetzen die Vorgänge als Knoten (Kreise oder Rechtecke) dargestellt. Die Pfeile des Netzplanes deuten also lediglich die Reihenfolgebeziehungen der eindeutig definierten Vorgänge an. Hierdurch werden Scheinvorgänge, wie sie bei CPM zur Differenzierung von simultanen Vorgängen und zur Darstellung komplexer Reihenfolgebedingungen notwendig waren, überflüssig.

Bei Vorgangsknotennetzen werden maximal zwei Scheinvorgänge ("Beginn" und "Ende") benutzt, um den Netzplänen einen eindeutigen Anfang und ein eindeutiges Ende zu geben.

Bei Vorgangsknotennetzen können die zeitlichen Abstände zwischen den Vorgängen angegeben werden als Zeitraum zwischen:

1. Dem Anfangs*zeitpunkt* des Vorgängers und dem Anfangs*zeitpunkt* des Nachfolgers (Start-Start-Beziehung), oder
2. dem Beginn des Vorgängers und dem Ende des Nachfolgers (Start-End-Beziehung) oder
3. dem Ende des Vorgängers und dem Beginn des Nachfolgers (End-Start-Beziehung) oder
4. dem Ende des Vorgängers und dem Ende des Nachfolgers (End-End-Beziehung) an.

Gewöhnlich werden jedoch von den einzelnen Netzplantechniken die Arten der zulässigen Beziehungen eingeschränkt.

Das folgende Beispiel zeigt den Unterschied in der Darstellung eines Projektes mittels Vorgangspfeilnetz und Vorgangsknotennetz.

3.3.2 Strukturanalyse bei MPM

MPM benutzt Vorgangsknotennetze. Dementsprechend stellen bei MPM die *Knoten* (rechteckig) des Netzplanes die Vorgänge bzw. Beginnzeitpunkte der Vorgänge dar. Die Knoten erhalten als Kennzeichnung eine Bezeichnung (i) und die Vorgangsdauer d(i).

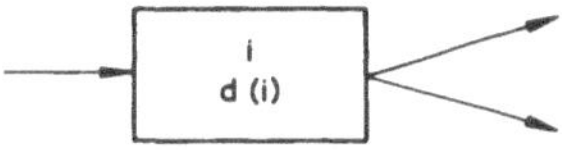

Abb. 21.

Beispiel: Netzpläne als Vorgangsknoten- und Vorgangspfeilnetze

betrachteter Vorgang (Spalten), vorausgehender Vorgang (Zeilen)

	a	b	c	d	e	f	g	h	i	k	l	m	n
a				x									
b					x	x				x			
c							x	x.					
d													x
e													x
f							x	x					
g											x	x	
h									x				
i													
k											x	x	
l													x
m													
n													

Plan als Vorgangspfeilnetz

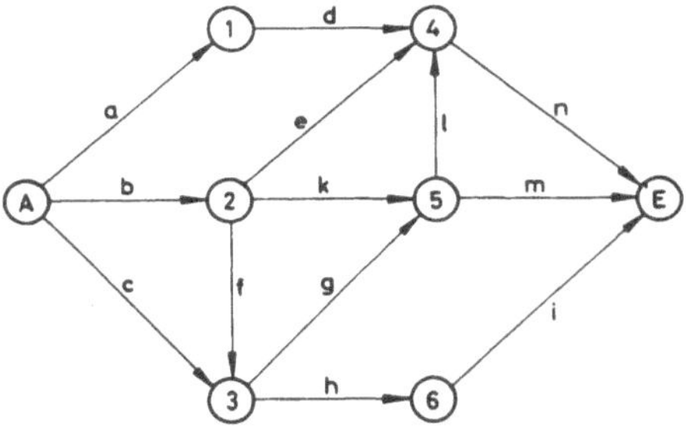

Abb. 22.

Plan als Vorgangsknotennetz

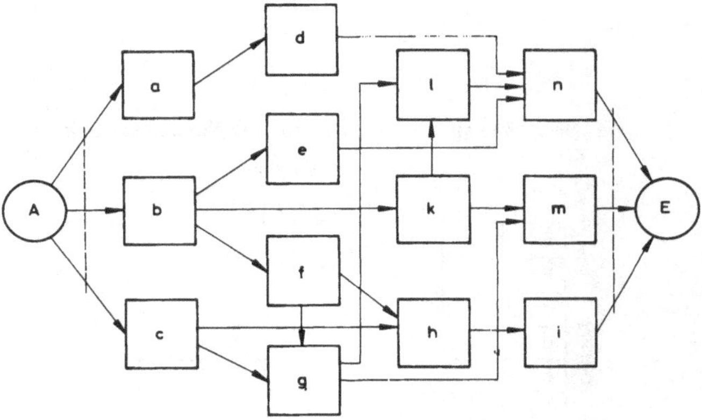

Abb. 23.

Im Gegensatz zu CPM und PERT, die lediglich eine Art der zeitlichen Beziehung zwischen den Vorgängen zuließen (nämlich Vorgang (i,j) muß stattgefunden haben, ehe Vorgang (j,k) beginnt oder Ereignis i muß vor Ereignis j liegen), sieht MPM weitere Beziehungen vor:

Es sind 4 Grundtypen möglich, die sich alle in Form von Ungleichungen ausdrücken lassen. Bezeichnen wir mit

t(0) = Projektbeginn
t(i) = Beginn des Vorganges i,

so kann man die 4 Grundtypen in folgende Form fassen:[7)]

I. Vorgang i *kann frühestens* b(i) Zeiteinheiten nach Projektbeginn anfangen.

$$t(i) \geqslant t(0) + b(i)$$

bzw.

$$t(i) - t(0) \geqslant b(i)$$

Abb. 24.

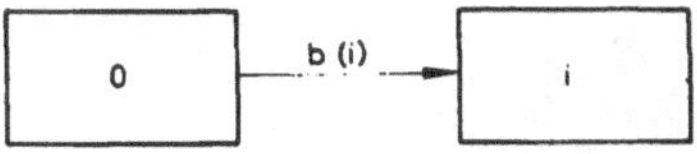

[7)] In Anlehnung an: Lüttgen, H: Zeitschrift für Führungskräfte, Refa, Folge 3

II. Vorgang i *muß spätestens* b'(i) Zeiteinheiten nach Projektbeginn angefangen haben.

$$t(i) \leq t(0) + b'(i)$$
$$t(0) - t(i) \geq - b'(i)$$

Im Netzplan wird diese Beziehung durch einen *gestrichelten* Pfeil dargestellt, der von Knoten i zum Knoten 0 gerichtet ist und dem die negative "Zeit" - b'(i) zugeordnet ist.

Abb. 25.

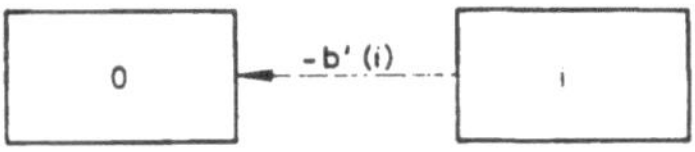

III. Vorgang j kann *frühestens* c(i, j) Zeiteinheiten nach *Beginn* von Vorgang i begonnen werden.

$$t(j) \geq t(i) + c(i,j)$$
bzw.
$$t(j) - t(i) \geq c(i,j)$$

Abb. 26.

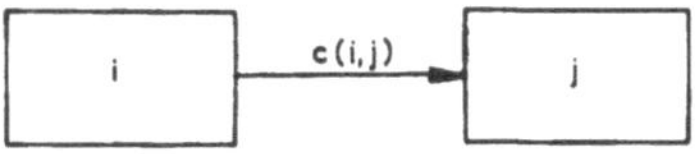

IV. Vorgang j *muß* spätestens c'(i, j) Zeiteinheiten nach Beginn des Vorgangs i begonnen werden.

$$t(j) \leq t(i) + c'(i,j)$$
bzw.
$$t(i) - t(j) \geq - c'(i,j)$$

Abb. 27.

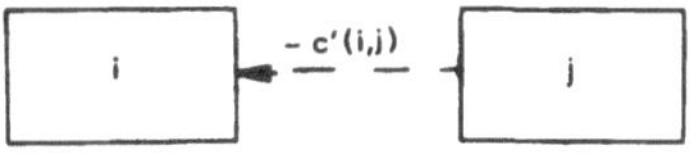

Folgende Eigenheiten von MPM sind schon jetzt zu erkennen:

a) Bei den Beziehungen handelt es sich grundsätzlich um sogenannte "Start-Start-Beziehungen", d. h. es werden jeweils die Zeiten vom *Beginn* des einen Vorganges bis zum Beginn des nachfolgenden Vorganges definiert.

b) Es gibt zwei "Minimal-Bedingungen" (Typen I und III) und zwei "Maximal-Bedingungen" (Typen II und IV).

c) Die als Abstände definierten Größen b und c sind nicht unbedingt die Vorgangsdauern, sondern sie sind frei bestimmbar.

Besonders Punkt c) verdient einige Erläuterung.

Allein durch die Tatsache, daß die angegebenen Abstände nicht gleich den Vorgangsdauern sein müssen, lassen sich durch verschiedene Verhältnisse von Vorgangsdauer zu Abstand verschiedene Beziehungen zwischen den Vorgängen darstellen. Nehmen wir die Reihenfolgebedingung *Typ III als Beispiel:*

1. Ist d(i) = c(i,j), so bedeutet dies einen unmittelbaren Anschluß des Vorganges j an Vorgang i.
   (Es kann jedoch zwischen dem Ende von Vorgang i und dem Beginn von Vorgang j eine Lücke bestehen).
2. Ist d(i) < c(i,j), so entsteht zwischen dem Abschluß des Vorganges i und dem Beginn des Vorganges j eine zeitliche Lücke.
3. Ist d(i) > c(i,j), so *können* sich die Vorgänge i und j überlappen.
   (Sie können jedoch auch eine lückenlose Folge bilden oder zwischen Ihnen kann eine zeitliche Lücke bestehen).

Da Typ III eine Minimalbedingung ist, können alle Vorgänge j zunächst unbeschränkt nach rechts (später) verschoben werden. Folgende Abbildung illustriert die Zusammenhänge graphisch.

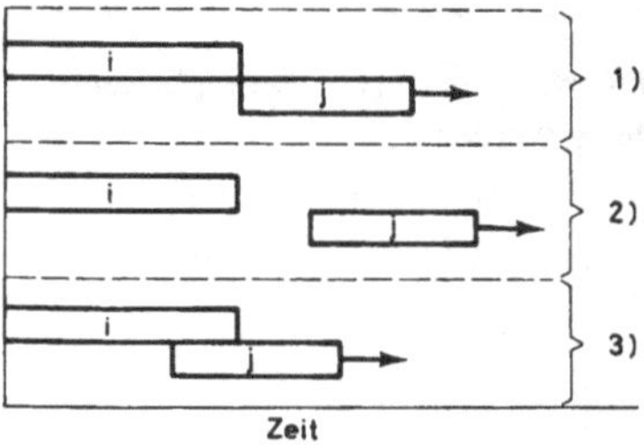

Abb. 28a.

Bei Typ IV gilt:

1. Ist d(i) = c'(i,j) , so *können* die Vorgänge lückenlos aufeinander folgen.
2. Ist d(i) < c'(i,j), so *kann* eine Lücke zwischen den Vorgängen i und j entstehen.
3. Ist d(i) > c'(i,j), so *müssen* die Vorgänge überlappen.

Außerdem können alle Vorgänge j (also die Nachfolger) unbegrenzt nach links (früher) verschoben werden, wodurch auch in den beiden ersten Fällen eine Überlappung zulässig wird.

Die folgende Abbildung illustriert diese Zusammenhänge.

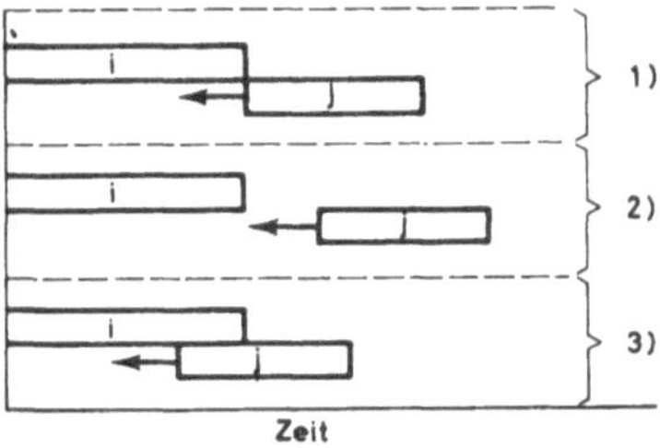

Abb. 28b.

Obige Beziehungen, bei denen links die Beginnzeitpunkte und rechts die zeitlichen Abstände stehen, werden als Standardformeln bezeichnet. Die Standardformeln werden im Netzplan als ausgezogene bzw. gestrichelte Anordnungsbeziehungen dargestellt.

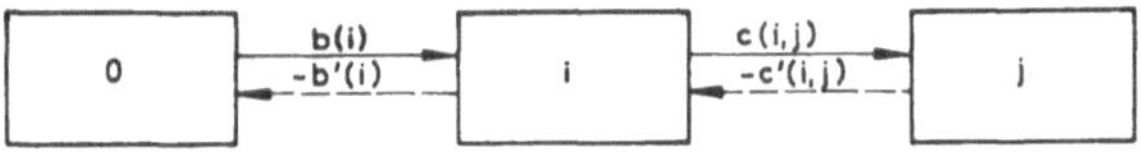

Abb. 29.

Für die praktische Anwendung sind Kombinationen zwischen den Anordnungsbeziehungen I und II möglich.

Beispiel:

Abb. 30.

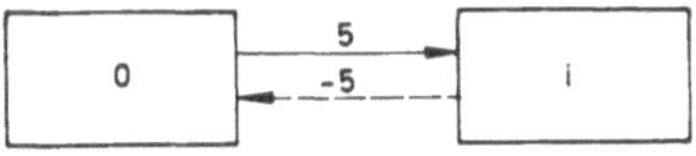

D.h.: Vorgang i *kann* frühestens 5 ZE nach Start beginnen; bzw. *muß* spätestens 5 ZE nach Start begonnen haben; d.h., Vorgang i muß genau zum Zeitpunkt 5 beginnen. Durch Kombinationen der Anordnungsbeziehungen III und IV können z. B. folgende Fälle dargestellt werden:

a) *Zwangsfolge* zweier Vorgänge
Dauer der Tätigkeit (i) = 4 ZE

Abb. 31.

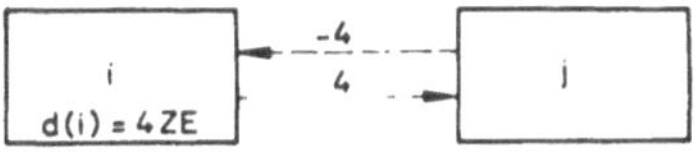

b) *Gleichzeitiger Beginn* zweier Vorgänge

Abb. 32.

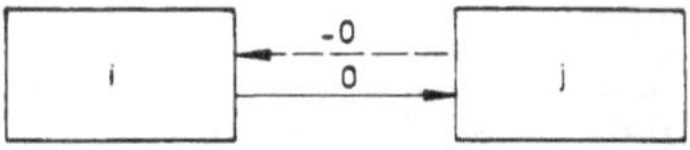

c) *Gleichzeitiger Abschluß* zweier Vorgänge

Abb. 33.

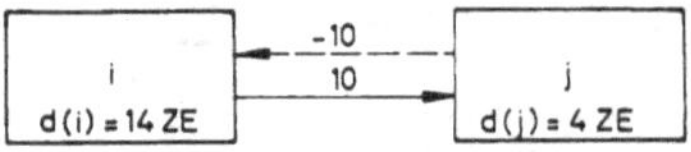

Bei allen Anordnungsbeziehungen zwischen zwei Vorgängen ist darauf zu achten, daß die Summe der Zeitwerte niemals größer als Null sein darf. Sonst besteht ein Widerspruch:

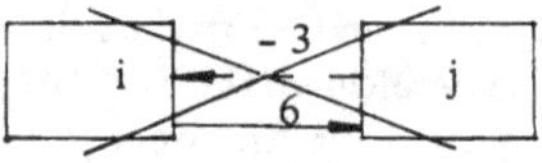

Abb. 34.

Vorgang j kannt erst 6 ZE nach Beginn von Vorgang i beginnen, soll aber schon nach 3 ZE begonnen haben.

Verallgemeinernd kann gesagt werden, daß in einem MPM-Netzplan kein "Zyklus" (nicht zu verwechseln mit den Zyklen in der Graphentheorie!!) aus Anordnungsbeziehungen auftreten darf, dessen Summe der Zeitwerte größer Null ist.

Weitere Unterschiede zwischen MPM und CPM bzw. PERT ergeben sich zum Teil aus der schon erwähnten Tatsache, daß MPM Vorgangsknotennetze benutzt und zum Teil aus zusätzlichen Möglichkeiten bei MPM. Zu nennen sind vor allem:

Der Projektbeginn

Bei CPM können z.B. drei voneinander unabhängige Vorgänge von einem gemeinsamen Startknoten ausgehen. Dies geht bei MPM nicht, weil jeder Vorgang seinen eigenen Knoten besitzen muß. Daher führt man einen fiktiven Startvorgang mit der Dauer $d_A = 0$ ein. Das gleiche gilt für das Projektende.

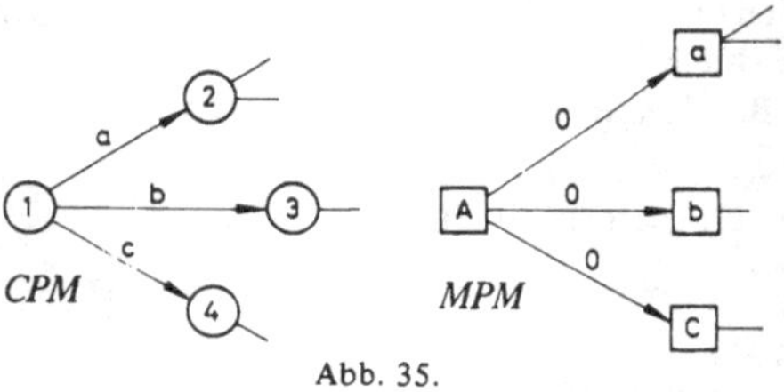

Abb. 35.

Scheinvorgänge entfallen bei MPM (Ausnahme: Vorgänge des Projektanfanges und Projektendes)[8].

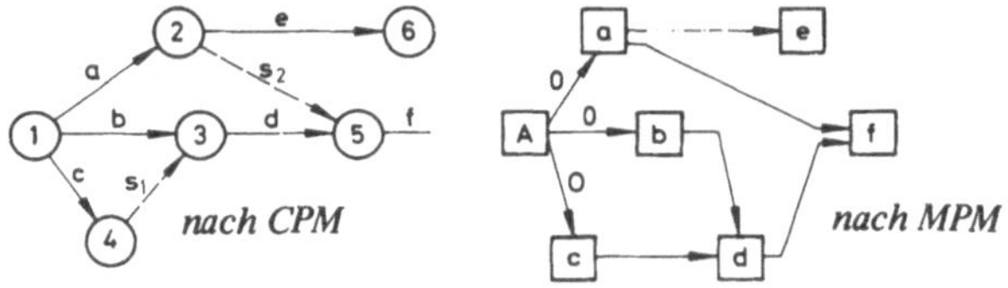

Abb. 36.

Die Bündelbedingung

MPM berücksichtigt den Fall, daß z.B. Vorgang m beginnen kann, wenn nur einer der drei Vorgänge i, j, k den vorgeschriebenen Vollendungsgrad für den Beginn von m erreicht hat.

Z.B.: Die Einführung des Bünkelknotens B bedeutet, daß m beginnen kann, sobald die kürzeste Frist von drei Vorgängen verstrichen ist. (Z.B. Aufstellungen von drei gleichen Maschinen: die Produktion kann beginnen, sobald eine Maschine betriebsfertig ist).

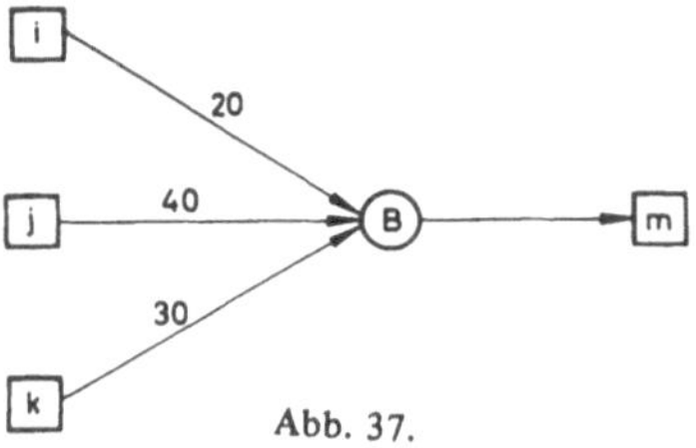

Abb. 37.

Die entsprechende Darstellung bei CPM bedeutet, daß Tätigkeit m erst beginnen kann, wenn *alle* drei Vorgänge i, j, k abgeschlossen sind.

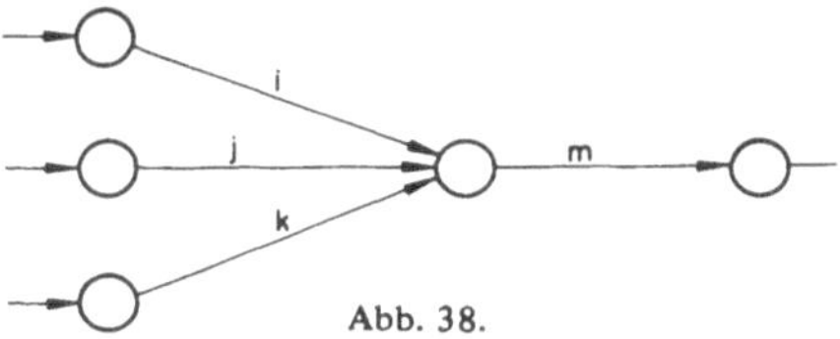

Abb. 38.

[8]Abbildung aus: Thumb, a.a.O., S. 262

3.3.3 Zeitplanung nach MPM

Die Zeitplanung nach MPM liefert praktisch die gleichen Ergebnisse wie die CPM-Methode: frühestmögliche und spätestzulässige Beginn- und Abschlußtermine, sowie kritischen Pfad und Pufferzeiten. Aufgrund der größeren Möglichkeiten von Anordnungsbeziehungen gestaltet sich die manuelle Zeitenberechnung oftmals recht schwierig. Sie muß unter Umständen in mehreren Iterationsschritten durchgeführt werden.

Wir wollen dies an einem Beispiel illustrieren:

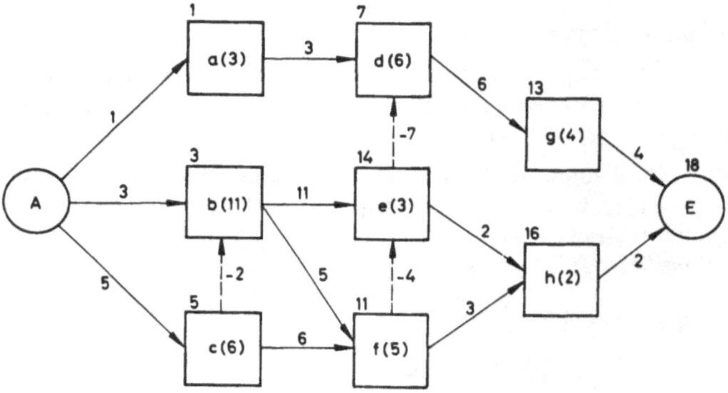

Abb. 39.

1. Berechnung der frühestmöglichen Anfangs- und Endzeitpunkte:

Erster Schritt: In einer Vorwärtsrechnung, bei der *nur* die Anordnungsbeziehungen mit *positiven* Zeitwerten betrachtet werden, geschieht die Berechnung der frühestmöglichen Anfangszeitpunkte.

Zweiter Schritt: Es wird überprüft, ob die Anordnungsbeziehungen mit negativen Zeitwerten Einfluß auf die oben ermittelten frühesten Zeiten FA_i haben:

In unserem Beispiel hieße das:

(c - b) = - 2 : c muß spätestens 2 ZE nach dem Beginn von b beginnen. Diese Bedingung ist erfüllt. Die Anordnungsbeziehung hat keinen Einfluß auf FA(c).

(f - e) = - 4: f muß spätestens 4 ZE nach dem Anfang von e beginnen; ist erfüllt.

(e - d) = - 7 : e muß spätestens 7 ZE nach Beginn von Vorgang d beginnen. Nach den bisherigen Berechnungen ist dies nicht erfüllt. Die früheste Zeit des Vorgangs e ist 14. Um den Maximalabstand von 7 ZE zwischen den Beginnzeitpunkten von d und e einzuhalten, muß die früheste Zeit von d von 4 auf 7 ZE erhöht werden. (Nach rechts ist ein Verschieben möglich!). Dies hat jedoch Konsequenzen für die früheste Zeit von g: Sie muß von 10 auf 13 ZE erhöht werden, damit der Mindestabstand von d nach g gewahrt bleibt.

Bei größeren und komplizierteren Netzplänen kann die Korrektur eines Termins Änderungen bei einer größeren Zahl von Vorgängen hervorrufen. D.h. nach jeder Korrektur muß der Netzplan neu durchgerechnet werden, bis bei einem Iterationsschritt keine Korrektur mehr erforderlich ist. Das früheste Ende eines Vorganges ergibt sich aus frühestem Anfang plus Vorgangsdauer.

2. Berechnung der spätestzulässigen Anfangs- und Endzeitpunkte:

Die Berechnung dieser Termine wird analog zu CPM mittels einer Rückwärtsrechnung durchgeführt. Die Rechnung geht vom frühestmöglichen Projektende aus. Dieses wird durch das Maximum der frühestmöglichen Abschlußzeitpunkte der einzelnen Vorgänge bestimmt. (Im Beispiel: frühestes Projektende: 18 ZE).

Folgendes Vorgehen empfiehlt sich:

Zunächst wird ein künstlicher Endzeitpunkt E eingeführt. Wie unter Punkt 1. werden zuerst nur die Anordnungsbeziehungen mit positiven Zeitwerten berücksichtigt. Anschließend erfolgt die Prüfung, ob die Anordnungsbeziehungen mit negativen Zeitwerten Einfluß auf die zuerst ermittelten spätesten Termine haben. Wenn notwendig, wird die Rechnung wiederholt, bis keine Korrektur mehr notwendig ist (s. Abb. 40.).

Im Beispiel sind rechts über den die Tätigkeiten darstellenden Kästchen die zuerst berechneten spätesten Termine eingetragen.

Die Überprüfung der negativen Anordnungsbeziehungen ergibt:

(c, b) = - 2 : c muß spätestens 2 ZE nach b beginnen. Die Bedingung ist nicht erfüllt. Der zuerst errechnete späteste Termin muß von 7 auf 5 ZE herabgesetzt werden.

(e, d) = - 7 : e muß spätestens 7 ZE nach d beginnen. Die Bedingung ist erfüllt.

Der spätesterlaubte Abschluß eines Vorgangs ergibt sich aus spätestem Beginn plus Vorgangsdauer.

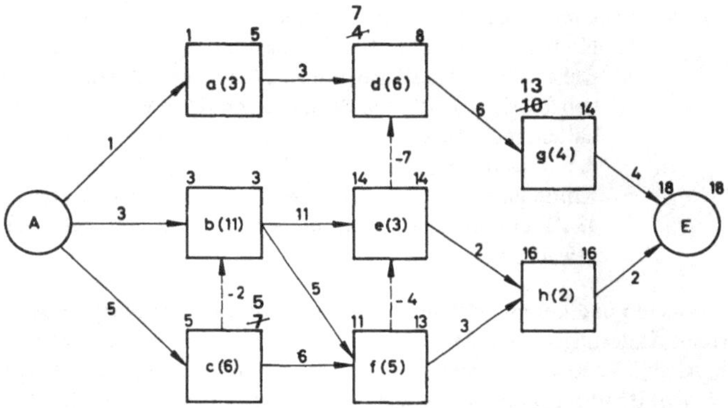

Abb. 40.

Wie bei CPM lassen sich mithilfe dieser Termine die bereits beschriebenen Pufferzeiten berechnen. Als Ergebnis der MPM-Berechnungen ergäbe sich in unserem Beispiel:

Tätigkeiten	Dauer	Früh.mögl. Beginntermin	Früh.mögl. Abschlußtermin	Spät. zuläss. Beginntermin	Spät. zuläss. Abschlußtermin	Gesamtpuffer	krit. Pfad
a	3	1	4	5	8	4	
b	11	3	14	3	14	0	x
c	6	5	11	5	11	0	x
d	6	7	13	8	14	1	
e	3	14	17	14	17	0	x
f	5	11	16	13	18	2	
g	4	13	17	14	18	1	
h	2	16	18	16	18	0	x

3.4 Vergleichende Betrachtung von CPM, PERT und MPM

Bei Benutzern von Netzplänen ergibt sich vor dem Einsatz die Frage nach der am besten geeigneten Methode. Zur Beantwortung dieser Frage ist es wichtig, sich über die Stärken und Schwächen der einzelnen Verfahren im klaren zu sein. Als Hilfe dafür werden im folgenden die drei Grundverfahren in ihren Grundzügen tabellarisch gegenübergestellt. Sie unterscheiden sich im wesentlichen in folgenden Punkten:

1. Orientierung
2. Darstellungsart
3. Art der Zeitschätzung
4. Art der zu erfassenden Anordnungsbeziehungen

zu 1: Die Orientierung des Netzplanes – d. h., ob ereignis- oder vorgangsorientiert – hat im wesentlichen Einfluß auf den Informationsgehalt des Netzplanes und den bei der Zeitanalyse notwendigen Aufwand.

Ereignisorientierte Netzpläne sind weniger informativ, erfordern nicht die Errechnung von Vorgangszeiten (4!) und sind besonders geeignet für Kontrollzwecke, bei denen zwar der Fortschritt des Projektes überwacht werden soll, aber keine detaillierte Steuerung der Vorgänge beabsichtigt ist.
Entsprechend sind vorgangsorientierte Netze nur dann erforderlich, wenn der Projektablauf im einzelnen gesteuert werden soll, d. h. der einzelne Vorgang in seinem Ablauf interessant wird.

zu 2: Die Darstellungsart (Pfeil- oder Kreisdarstellung) hängt zum Teil von der Orientierung des Netzplans ab. (So ist es z. B. nicht möglich oder sinnvoll, Ereignisse als Pfeile darzustellen!). Die Darstellungsart hat daneben einen gewissen Einfluß auf den Aufwand und den Schwierigkeitsgrad der graphischen Darstellung von Netzplänen. So werden z.B. bei vorgangsorientierten Netzplänen, die die Kreisdarstellung benutzen, Scheinvorgänge unnötig und es ist im allgemeinen leichter, diese Netzpläne zu zeichnen als entsprechende Netzpläne in Pfeildarstellung.

Auf der anderen Seite kommt die Pfeildarstellung der gefühlsmäßigen Erfassung gezeichneter Netzpläne entgegen (Pfeile als Zeitablauf).

zu 3: Bei der Zeitschätzung ist hauptsächlich zu unterscheiden zwischen Verfahren, die deterministische Vorgangszeiten annehmen und Verfahren, die die Vorgangszeiten als stochastische Variable auffassen.

Kriterium	CPM	PERT	MPM
1. Orientierung + Darstellung	Vorgangs-Pfeilnetz	Ereignisknoten-netz	Vorgangsknoten-netz
2. Zeitschätzung	deterministisch	stochastisch	deterministisch
3. Hauptzweck	Steuerung einfacher Projekte	Kontrolle	Steuerung + Kontrolle v. kompl. Projekten
4. Schein-vorgänge	ja	nein	Anfang und Ende
5. Anordnung:			
a. Min.	ja	ja	ja
b. Max.	nein	nein	ja
c. Fixt.	mit Meilenstein	nein	ja
d. Überlapp.	m. zus. Vorgängen	nein	ja
e. Form	End–Start	–	Start–Start

Bedingungen, unter denen eine Behandlung der Zeiten als stochastische Variable sinnvoll erscheinen, wurden bereits genannt (siehe S. 28). Es ist offensichtlich, daß sich der rechnerische Aufwand dadurch wesentlich erhöht.

zu 4: Die Art der zu erfassenden Beziehungen hängt im wesentlichen davon ab, ob es die jeweiligen Verfahren erlauben, Minimal- oder/und Maximalbeziehungen darzustellen, bzw. ob die Möglichkeit besteht, bestimmte Ereignisse (und damit auch Vorgänge) zeitlich genau festzulegen. In der Tabelle werden unter "Maximalbedingungen" zeitliche Vorschriften verstanden, die eine Verschiebung der Nachfolger nach links (also zu früheren Zeiten) "unbegrenzt" gestatten, während "Minimalbedingungen" es erlauben, Nachfolger nach rechts zu verschieben. Eine Kombination dieser beiden Anordnungsbeziehungen kann immer zur genauen zeitlichen Festlegung (Fixierung) benutzt werden.

Ferner ist wesentlich, ob Start–Start, Start–End, End–End oder End–Start-Anordnungen benutzt werden, bzw. wie schwierig es ist, vorgegebene Anordnungen in darstellungsmäßig geforderte zu übertragen.

Auf eine ausführliche Tabelle am Ende der Darstellung sei besonders verwiesen.

4. Zeitliche und kapazitive Beschränkungen und kostenoptimale Netzpläne

4.1 Die Erstellung von Netzplänen bei Betriebsmittelbeschränkungen

4.1.1 Problemstellung

Bei den Standardverfahren der Netzplantechnik werden die Vorgangszeiten unter dem Gesichtspunkt eines wirtschaftlichen Produktionsmitteleinsatzes geschätzt bzw. errechnet.

Die Annahmen über die aufzuwendenden Kapazitäten werden bei obigen Verfahren nicht in die Berechnungen mit einbezogen. Dies führt daher oft zu unbrauchbaren Ergebnissen, obgleich die funktionellen und zeitlichen Angaben des Netzplanes einwandfrei sind. Der Netzplan verliert an Aussagekraft, wenn aufgrund von Kapazitätsmangel Tätigkeiten nicht oder nur verzögert ausgeführt werden können.
Das führt dazu, daß die im Netzplan errechneten Projektdauern möglicherweise falsch, d. h. zu kurz sind. Die Verlängerung der wirklichen Projektdauer ist darauf zurückzuführen, daß Vorgänge, die simultan geplant sind – und aus rein technologischen Erwägungen auch simultan durchgeführt werden könnten – infolge knapper Betriebsmittel nacheinander ausgeführt werden müssen. Das entspricht der Einführung neuer, zusätzlicher Reihenfolgebeschränkungen und damit möglicherweise einer Verlängerung des kritischen Weges.

Die Reihenfolge, in der die ursprünglich simultanen Vorgänge ablaufen, beeinflußt wesentlich die zu erreichende Projektzeit. Das Problem besteht hauptsächlich darin, die optimale Reihenfolge der Vorgänge zu finden, d.h. diejenige Reihenfolge ist zu bestimmen, die zu der kürzesten Projektzeit führt.

Die Ermittlung optimaler oder nahoptimaler Reihenfolgen kann auf 4 verschiedene Weisen durchgeführt werden:

a) Durch Enumeration, d. h. Durchrechnung aller möglichen Reihenfolgen.
b) Durch verschiedene Näherungsverfahren.
c) Durch Entscheidungsbaumverfahren.
d) Durch Lineares Programmieren.

Einige der verschiedenen Möglichkeiten sollen anhand des folgenden Projektes[1] in ihren wesentlichen Zügen illustriert werden:

[1] Beispiel aus: Bubeck, P: Netzplantechnik unter Berücksichtigung von Kapazitätsgrenzen, VDI Bildungswerk BL 703

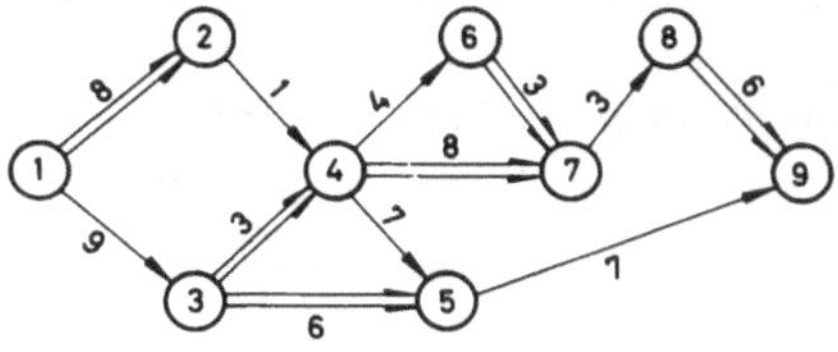

Abb. 41.

1	2	3	4	5	6	7	8	9	10	11
Nr.	i	j	Dauer	BM	TFA	TFE	TSA	TSE	Schlupf	29–TSE
1	1	2	8	1	0	8	3	11	3	18
2	1	3	9	–	0	9	0	9	0	20
3	2	4	1	–	8	9	11	12	3	17
4	3	4	3	1	9	12	9	12	0	17
5	3	5	6	1	9	15	16	22	7	7
6	4	5	7	–	12	19	15	22	3	7
7	4	6	4	–	12	16	13	17	1	12
8	4	7	8	1	12	20	12	20	0	9
9	5	9	7	–	19	26	22	29	3	0
10	6	7	3	1	16	19	17	20	1	9
11	7	8	3	–	20	23	20	23	0	6
12	8	9	6	1	23	29	23	29	0	0

Die Terminberechnung ohne Kapazitätsbeschränkung ist in obiger Tabelle dargestellt. Die Gesamtprojektdauer beträgt 29 ZE.

Die Zusatzbedingungen seien: 6 Tätigkeiten (Doppelpfeile) benötigen das *gleiche Betriebsmittel.* (An Betriebsmittel gebundene Tätigkeit = "gebundene Tätigkeit"). Keine der gebundenen Tätigkeiten kann also beginnen, solange das Betriebsmittel bei einer anderen Tätigkeit eingesetzt ist.

Die Reihenfolge für den Einsatz des Betriebsmittels bei den einzelnen Tätigkeiten ist unter Beachtung der durch den Netzplan gegebenen Folgebeziehungen frei wählbar. Für das Beispiel sind unter dieser Bedingung 24 Bearbeitungsfolgen möglich.

Lfd. Nr.	Bearbeitungsreihenfolge	Abschlußtermin des Projekts
1	1–4– 5– 8–10–12	38
2	1–4– 5–10– 8–12	42
3	1–4– 8– 5–10–12	38
4	1–4– 8–10– 5–12	36*
5	1–4– 8–10–12– 5	45
6	1–4–10– 5– 8–12	42
7	1–4–10– 8– 5–12	40
8	1–4–10– 8–12– 5	49
9	1–5– 4– 8–10–12	38
10	1–5– 4–10– 8–12	42
11	4–1– 5– 8–10–12	47
12	4–1– 5–10– 8–12	51
13	4–1– 8– 5–10–12	47
14	4–1– 8–10– 5–12	45
15	4–1– 8–10–12– 5	54
16	4–1–10– 5– 8–12	51
17	4–1–10– 8– 5–12	49
18	4–1–10– 8–12– 5	58
19	4–5– 1– 8–10–12	47
20	4–5– 1–10– 8–12	51
21	5–1– 4– 8–10–12	46
22	5–1– 4–10– 8–12	50
23	5–4– 1– 8–10–12	47
24	5–4– 1–10– 8–12	51

zu a: Die optimale Tätigkeitsfolge erfordert eine Gesamtprojektzeit von 36 ZE. Die exakte Berechnung der optimalen Ablauffolge mit Hilfe der Enumeration erfordert schon bei relativ kleinen Projekten einen derart hohen Rechenaufwand, daß die praktische Anwendung nicht durchführbar ist.

zu b: Eine mögliche Vorgehensweise ist: Zunächst erfolgt die übliche Berechnung der frühesten Anfangs- und Endtermine der *freien* Tätigkeiten, bis keine freie Tätigkeit mehr zu finden ist, die keine "gebundene Tätigkeit" als Vorgänger hat. Anschließend wird unter den *gebundenen* Tätigkeiten, deren Anfangstermine festliegen, mit Hilfe von Prioritätsregeln diejenige Tätigkeit ausgesucht, bei der als nächster die freie Kapazität eingesetzt werden soll. Nach der Bestimmung des Endtermines für diese "bevorzugte" Tätigkeit wird die Terminberechnung für die *freien* Tätigkeiten fortgesetzt, bis alle Vorgänge reihenfolgemäßig festgelegt sind. Mit Hilfe dieses Algorithmus wird der gesamte Netzplan durchgerechnet.

Mögliche Prioritätsregeln

1. Kleinste Pufferzeit.
2. Kleinste Tätigkeitsdauer.
3. Frühester "frühester Anfang" TFA.
4. Frühester "spätester Anfang" TSA.
5. Frühestes "spätestes Ende" TSE.
6. Kleinste Summe aus maximaler Pufferzeit und Tätigkeitsdauer.
7. Von außen gesetzte Prioritätsnummer.

Bei Simulationen wurden bisher mit Regeln 3, 4 und 5 die besten Ergebnisse erzielt.

Für unser Projekt ergäbe sich folgendes Vorgehen:

NR.	i	j	Dauer	BM*)	FAZ	FEZ
1	1	2	8	1	0	8
2	1	3	9	–	0	9
3	2	4	1	–	8	9
4	3	4	3	1	9	12
5	3	5	6	1	12	18
6	4	5	7	–	12	19
7	4	6	4	–	12	16
8	4	7	8	1	18	26
9	5	9	7	–	19	26
10	6	7	3	1	26	29
11	7	8	3	–	29	32
12	8	9	1	1	32	38

*) BM = Betriebsmittel

Beginne mit freier Tätigkeit fT = 2 und berechne deren frühestes Ende: FEZ = 9. Danach kann keine weitere freie Tätigkeit terminiert werden. Als gebundene Tätigkeiten kommen jetzt gT = 1, gT = 4 und gT = 5 in Betracht.

Nach Prioritätsregel 3 (s.o.) ist als erste gebundene Tätigkeit gT = 1 zu terminieren: FEZ = 8. Danach fT = 3: FEZ = 9. Als nächste gT kommen gT = 4 und gT = 5 infrage. Beide haben denselben frühesten Anfangstermin. Nimmt man Prioritätsregel 2 hinzu, so ist gT = 4 zu bearbeiten; FEZ = 12. Anschließend fT = 6: FEZ = 19 und fT = 7: FEZ = 16. Dann ist die Terminierung der gT's 5,8 und 10 möglich, von denen gT = 5 die höchste Priorität hat und daher als nächste gT zu bearbeiten ist.

Die Berechnung für die restlichen Tätigkeiten wird in analoger Weise durchgeführt, und man erhält eine Projektdauer von 38 ZE.

Je nach Problemstruktur findet man mit diesem Näherungsverfahren z. T. sehr gute, häufig aber auch weit vom Optimum entfernte Lösungen.

Untere Schranke der Projektdauer

Die untere Schranke der Projektdauer ergibt sich aus zwei Bedingungen:

1. Im günstigsten Fall können die Tätigkeiten unter Ausnutzung ihrer Pufferzeiten so verschoben werden, daß keine Überschneidung des Betriebsmitteleinsatzes eintritt.
2. Die Projektdauer kann die insgesamt erforderliche Betriebsmittelzeit nicht unterschreiten.

Die größere der Zeitschranken aus beiden Bedingungen ergibt die untere Schranke der Projektdauer.

Eine Bearbeitungsfolge, deren Projektdauer die untere Schranke erreicht, stellt eine optimale Lösung dar. Dieses Kriterium ist jedoch nur eine hinreichende, aber nicht eine notwendige Optimalitätsbedingung. Liegt für eine Bearbeitungsfolge die Projektdauer über der unteren Schranke, so kann mit Hilfe der begrenzten Enumeration untersucht werden, ob eine bessere Lösung existiert.

zu c: Zu den Entscheidungsbaumverfahren zählen im wesentlichen das Dynamische Programmieren und die verschiedenen "Branch-and-Bound"-Verfahren.

Die im folgenden dargestellte begrenzte Enumeration ist ein spezielles Branch-and-Bound-Verfahren. Die Branch-and-Bound-Methode verfolgt den Zweck, bei Problemen, die als Entscheidungsbäume dargestellt werden können, die optimale Lösung mit einem im Vergleich zur Enumeration geringeren Aufwand zu berechnen. Dazu werden mit Hilfe geeigneter Kriterien Zweige des Entscheidungsbaumes abgetrennt.

Die Branch-and-Bound-Verfahren umfassen 2 Schritte:

1. Suche nach einer zulässigen Lösung.
2. Verbesserung dieser Lösung oder Nachprüfen ihrer Optimalität.

Darstellung des Reihenfolgeproblems als Entscheidungsbaum

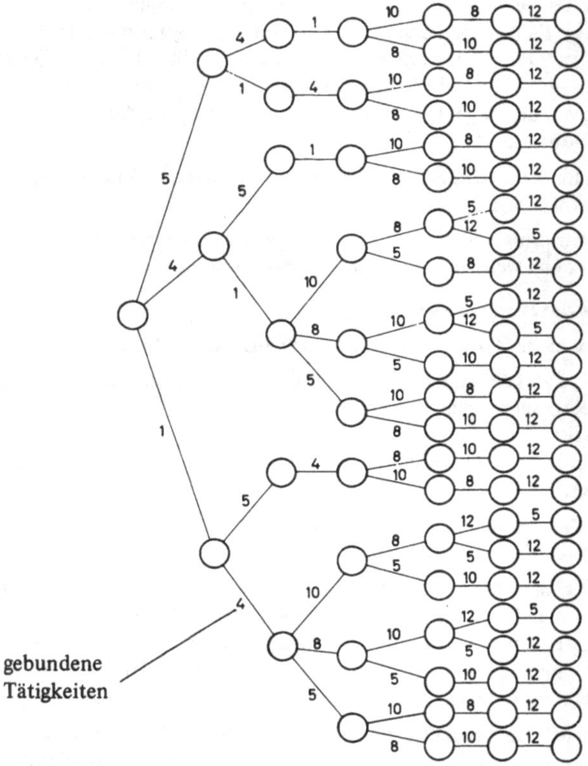

Abb. 42.

Die Unterschiede der Verfahren betreffen:

1. Die Art der Verzweigung *(=Branching)*.
2. Die Art der verwendeten Schranken *(=Bounding)*.

Bei der begrenzten Enumeration[2)] werden die Zweige des Entscheidungsbaumes schrittweise aufgebaut, wobei immer dann abgebrochen wird, wenn erkennbar ist, daß auf dem betreffenden Zweig keine bessere Lösung als eine

[2)] Siehe dazu: Müller-Merbach, Operations Research, Berlin 1969, S. 324 ff

vorhandene zulässige Lösung gefunden werden kann. Die einzelnen Schritte dieses Verfahrens sollen an dem vorherigen Beispiel eines Reihenfolgeproblems genauer erklärt werden.

Das Reihenfolgeproblem (s.o.) kann als Entscheidungsbaum dargestellt werden (S. 66), wobei jeder Zweig, der sämtliche Ebenen umfaßt, eine mögliche Bearbeitungsreihenfolge kennzeichnet. Als obere Schranke der Lösungswerte wird die Projektdauer einer Ausgangslösung (hier: Näherungslösung

Folge 1–4–5–8–10–12 mit $t_n = 38$ ZE)

eingesetzt und als untere Schranke

$(t_n)_{min} = 34$ ZE (siehe S. 63/64).[3]

Die Bearbeitungsfolgen bzw. die Zweige des Entscheidungsbaumes werden schrittweise aufgebaut, wobei immer dann abgebrochen wird, wenn zu erkennen ist, daß auf dem betreffenden Zweig die obere Schranke nicht unterschritten werden kann.

Die Terminrechnung erfolgt wie bei der Näherungsrechnung: die freien Tätigkeiten werden terminiert, sobald die Zeiten ihrer Anfangsereignisse festliegen. Danach wird jeweils eine der infrage kommenden gebundenen Tätigkeiten in die Bearbeitungsfolge aufgenommen und es wird untersucht, ob auf den sich ergebenden Ästen des Entscheidungsbaumes eine bessere Lösung als die bisher beste zu finden ist. Dazu wird das früheste Ende der betreffenden gebundenen Tätigkeit bestimmt und die Mindesprojektdauer nach zwei Kriterien berechnet:

1. Wird die Kapazitätsbeschränkung für die restlichen Tätigkeiten aufgehoben, so ergibt sich die Mindestprojektdauer als Summe aus dem frühesten Ende und der Mindestzeit bis zum Projektende.
2. Berücksichtigt man die Kapazitätsbeschränkung des Betriebsmittels, so ergibt sich die Mindestprojektdauer (keine Brachzeit) als Summe aus dem frühesten Ende und der für die restlichen gebundenen Tätigkeiten noch erforderlichen Betriebsmittelzeit.

Der größere der beiden Werte stellt die auf dem betrachteten Zweig bestenfalls zu erreichende Projektdauer dar. Liegt dieser Wert nicht unterhalb der oberen Schranke, so wird der Aufbau der Folge abgebrochen und die Untersuchung bei den anderen Zweigen fortgesetzt. Beim Unterschreiten der Schranke wird die Folge weiter aufgebaut und nach Hinzunahme einer weiteren Tätigkeit erneut untersucht, ob eine bessere Lösung gefunden werden kann.

3) Würde die Projektdauer der Näherungslösung mit der unteren Schranke zusammenfallen, so wäre eine optimale Lösung gefunden.

Findet man eine bessere Lösung, deren Projektdauer nicht mit der unteren Schranke zusammenfällt (sonst opt. Lösung!), so wird die Enumeration mit diesem Wert als neuer oberer Schranke fortgesetzt. Das Verfahren ist beendet, wenn keine Folge mehr aufgebaut werden kann, die eine geringere Projektdauer ergibt.

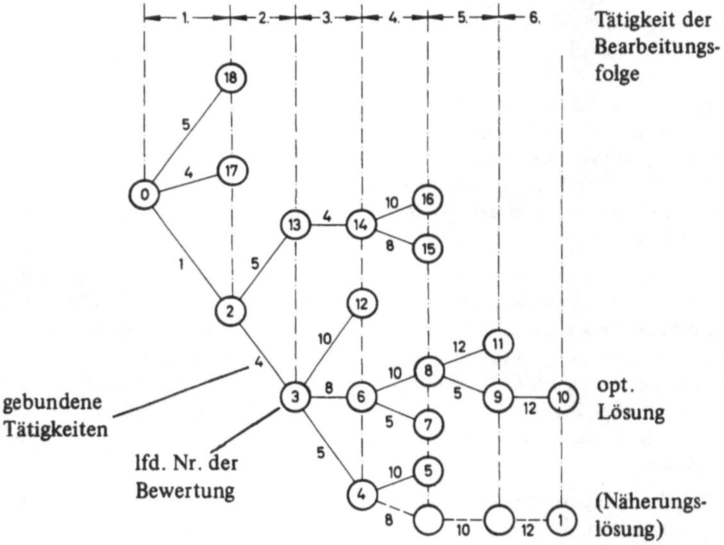

Abb. 43. Auffinden der optimalen Lösung mit Hilfe der begrenzten Enumeration

Für das berechnete Beispiel werden die Verfahrensschritte in der Tabelle auf S. 57 und in dem Entscheidungsbaum auf S. 54 angegeben. Es sind 18 Bewertungen erforderlich. Dabei werden 2 vollständige Bearbeitungsfolgen von 24 aufgebaut.

In diesem Beispiel ist der Rechenaufwand erheblich (18 Bewertungen bei 24 möglichen Folgen). In einem anderen Beispiel [4] eines Reihenfolgeproblems, bei dem 5 Aufträge auf einer Fertigungsstraße mit 4 Stationen zu bearbeiten sind und die Durchlaufzeit minimiert werden soll, sind nach dem Verfahren der begrenzten Enumeration lediglich 25 Bewertungen erforderlich, wobei von 120 möglichen Reihenfolgen (n!) nur 4 vollständig aufgebaut werden.

[4] Siehe: Müller-Merbach: Ein Verfahren zur Lösung von Reihenfolgeproblemen der industriellen Fertigung, in ZWF 61, S. 147–152

Tabelle Auffinden der optimalen Lösung mit Hilfe der begrenzten Enumeration

lfd. Nr. der Bewertung	Bearbeitungs-reihenfolge	FEZ der zuletzt bearbeiteten gT + Mindestzeit bis Projektende	FEZ der zuletzt bearbeiteten gT + noch erforderliche Betriebsmittelzeit
1	1–4–5–8–10–12	38	38[1)]
2	1–	29	34
3	1–4–	29	34
4	1–4–5–	35	35
5	1–4–5–10–	38*)	35
6	1–4–8–	33	35
7	1–4–8–5–	38*)	35
8	1–4–8–10--	36	35
9	1–4–8–10–5	36	35
10	1–4–8–10–5–12	36	36**)
11	1–4–8–10–12–	45*)	38*)
12	1–4–10–	36*)	39*)
13	1–5–	35	35
14	1–5–4–	35	35
15	1–5–4–8–	38*)	35
16	1–5–4–10–	42*)	39*)
17	4–	41*)	43*)
18	5–	38*)	43*)

*) Erreichen oder Überschreiten der oberen Schranke

**) Die Folge 1–4–8–10–5–12 ergibt eine Projektdauer von 36 ZE und stellt damit die neue obere Schranke dar.

[1)] Näherungslösung

zu d: Eine Formulierung des Reihenfolgeproblemes mit Hilfe des Linearen Programmierens ist durchaus möglich. Dies führt zu sogenannten "ganzzahligen 0/1-Programmen", für die bis vor kurzem keine effizienten Lösungsverfahren zur Verfügung standen.

Aufgrund der bereits erwähnten Brand-and-Bound-Verfahren sind jedoch Methoden entwickelt worden, die auch diese Art linearer Programme mit geringerem Aufwand lösen können. Es ist daher zu vermuten, daß in der Zukunft auch diese Ansätze, die zu optimalen Lösungen führen, in der Praxis Eingang finden werden.

4.1.2 Kommerziell vorhandene Verfahren zur Berücksichtigung von Betriebsmittelbeschränkungen

Vorhandene Rechnerprogramme berücksichtigen Betriebsmittelbeschränkungen in verschiedenem Maße. So könnte man z. B. unterscheiden zwischen Programmen, die lediglich die Kapazitätsbeanspruchung bei ohne Betriebsmittelbeschränkungen berechneten Netzplänen feststellen und Programmen, die versuchen, gute bis optimale Reihenfolgen zu ermitteln. Eine etwas feinere Klassifizierung[5] ist:

1. Programme, die außer den Termin- und Pufferzeitberechnungen den Verlauf der Kapazitätswerte in Abhängigkeit von der Zeit für verschiedene Produktionsmittel berechnen. (Resource Accumulation).

Programme dieser Gruppe sind für die meisten Rechnertypen verfügbar. Der Aufbau ist relativ einfach, da keine Kapazitätsgrenzen berücksichtigt werden, sondern nur die benötigte Kapazität errechnet wird.

Ausgerechnet werden gewöhnlich Angaben über:

a) Kapazitätsverlauf, wenn alle Vorgänge zum frühestmöglichen Termin enden,
b) Kapazitätsverlauf, wenn alle Vorgänge zum spätesterlaubten Termin fertiggestellt sein sollen.

Beispiel zu Abb. 44.:

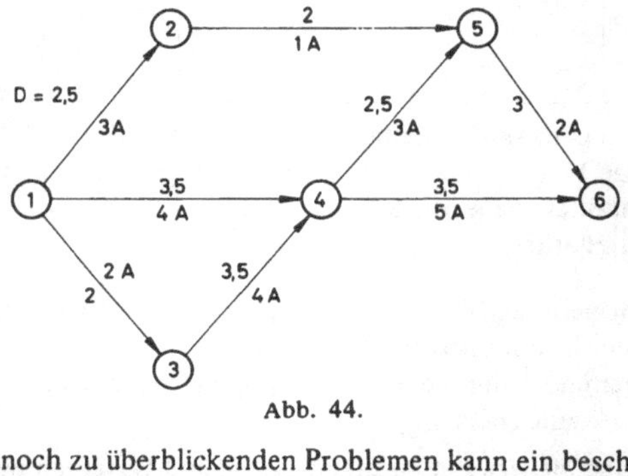

Abb. 44.

Bei kleineren, noch zu überblickenden Problemen kann ein beschränkter Kapazitätsausgleich durch unsystematisches Probieren und Verschieben von Tätigkeiten mit positiven Pufferzeiten erreicht werden.

5) Siehe Bubeck, a.a.O., VDI Bildungswerk BW 702

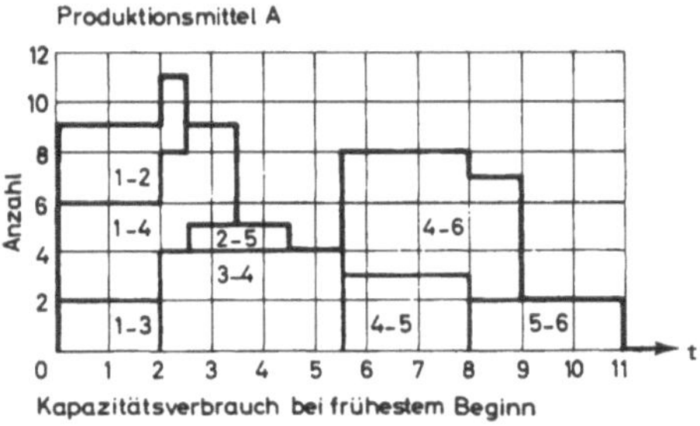

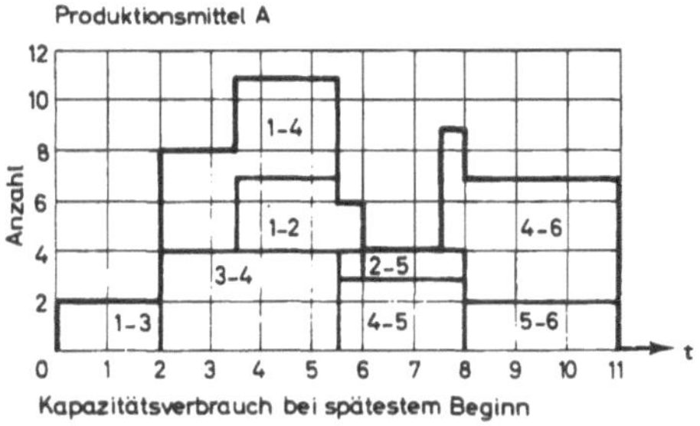

Abb. 45.

2. Programme, die durch zeitliche Verschiebung von Tätigkeiten mit positiver gesamter Pufferzeit eine weitgehende Glättung des Kapazitätsverlaufes erzielen. (Kapazitätsabgleich, Resource Levelling).

Hier wird systematisch eine weitgehende Glättung unregelmäßig verlaufender Kapazitätskurven durchgeführt. Je nach Reihenfolge der Bearbeitung der Arbeitsgänge auf bzw. mit den knappen Betriebsmitteln können unterschiedliche Endtermine für das Gesamtprojekt entstehen. Es wird diejenige Bearbeitungsfolge gesucht, bei der das gesamte Projekt zum frühesten Zeitpunkt abgeschlossen ist. Aus der reinen *Rechenaufgabe* zur Terminbestimmung wird eine Optimierungsaufgabe der Reihenfolgebestimmung. Eine Optimierung kann in zwei Hinsichten erfolgen:

1. Angenäherte Minimierung der Projektdauer unter Einhaltung der Kapazitätsgrenzen.
2. Angenäherte Minimierung des Produktionsmittelaufwandes bei der Einhaltung eines vorgegebenen Projektendtermines.

Ziel 1 kann erreicht werden, indem mit Hilfe von Prioritätsregeln eine möglichst optimale Bearbeitungsfolge gesucht wird. Zuerst wird die vorhandene positive Pufferzeit aufgebraucht, sodann der Projektendtermin solange verschoben, bis eine vollständige Terminierung unter Beachtung der vorhandenen Kapazitätsgrenzen erreicht wird.

Ziel 2 wird auf dem gleichen Wege wie 1 erreicht, jedoch wird bei Erreichen des zulässigen spätesten Endtermins eine weitere Terminverschiebung verhindert, dafür die notwendige Mehrkapazität ermittelt.

Beispielhaft könnte das wie folgt aussehen:

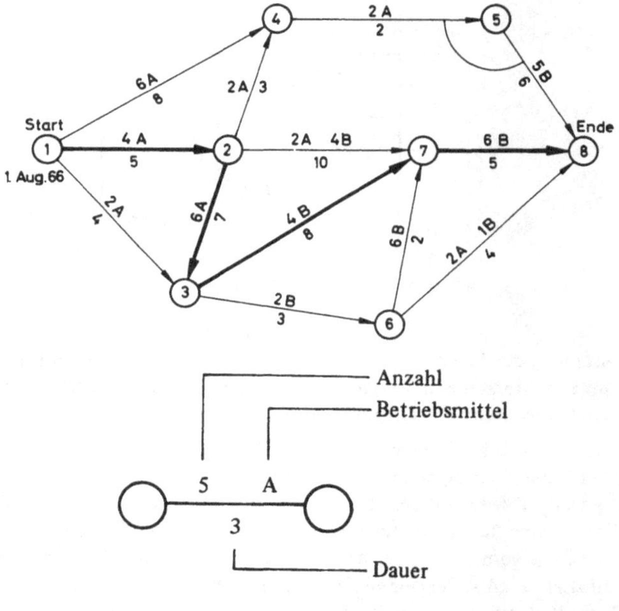

Abb. 46.

Für dieses Projekt[6] ergeben sich folgende Kapazitätsbeanspruchungen bei frühestmöglicher bzw. spätestmöglicher Einplanung der Vorgänge:

[6] Hierfür und für das folgende siehe: Bubeck, P: a.a.O., BW 703

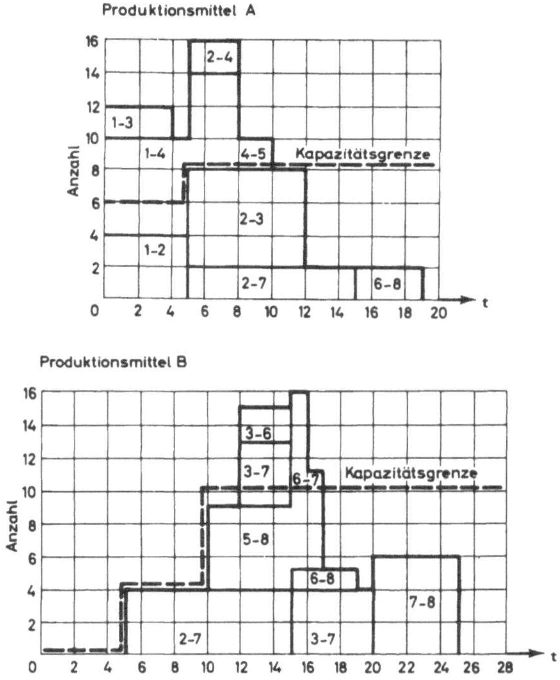

Abb. 47. Kapazitätsverlauf, wenn alle Tätigkeiten zum frühestmöglichen Zeitpunkt enden. Gestrichelte Kurve ist die zum jeweiligen Zeitpunkt verfügbare Kapazität

Für feste Kapazitätsgrenzen bzw. festen Endtermin ergeben sich dann folgende Einplanungen (siehe Abb. 48. und 49.):

3. Programme, welche die Terminierung unter Beachtung von vorgegebenen Kapazitätsgrenzen der verschiedenen Produktionsmittel durchführen. (Resource Allocation and Scheduling).

4. Programme, welche die Terminierung unter optimalem Produktionsmitteleinsatz und damit verbundenem Minimum an Kosten und Projektdauer anstreben. (Time and Cost Minimization).

Einzelne Programme sehen sogar vor, daß die Vorgänge unterbrochen oder verschieden schnell durchgeführt werden können, oder daß die zur Verfügung stehenden Kapazitäten zyklisch oder nicht-zyklisch variieren.

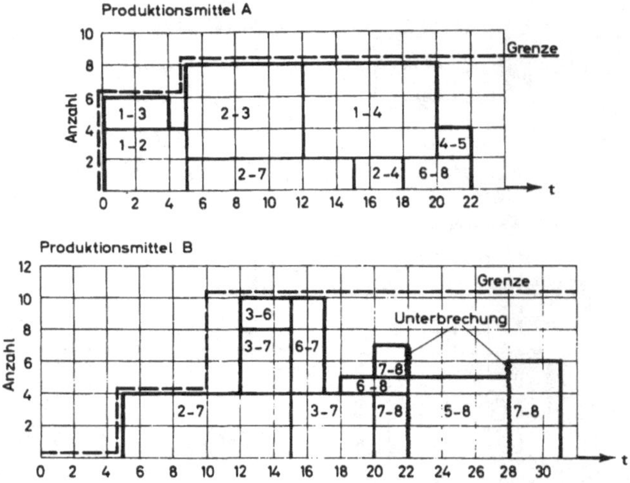

Abb. 48. Kapazitätsabgleich bei festen Kapazitätsgrenzen und freiem Projektendtermin.

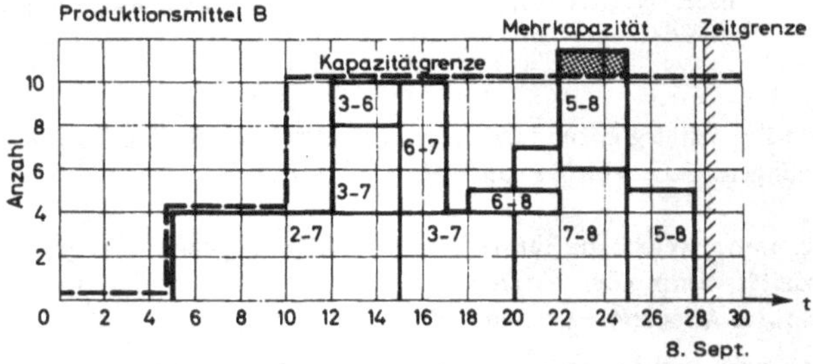

Abb. 49. Berechnung der benötigten Mehrkapazität bei festem Endtermin.

4.2 Die Erstellung kostenoptimaler Netzpläne

4.2.1 Problemstellung

Bisher wurde bei allen Betrachtungen – sowohl bei der elementaren Netzplananalyse als auch bei der Bestimmung optimaler Vorgangsreihenfolgen – stets vorausgesetzt, daß die Vorgangszeiten gegebene, nicht zu verändernde Daten seien. Selbst bei der Annahme stochastischen Charakters dieser Zeiten wurde eine willkürliche Beeinflussung der Vorgangsdauer ausgeschlossen!

Bei einer genaueren Betrachtung dieser Tatsache stellt sich heraus, daß die Vorgangsdauern durchaus – bis zu einem gewissen Grad – durch die Zuweisung von mehr Betriebsmitteln als normalerweise geplant – beeinflußbar sind: So kann das Ausheben eines Grabens, das bei Beschäftigung von 10 Arbeitern 1 Woche Zeit beansprucht, durch den Einsatz von 20 Arbeitskräften zwar nicht unbedingt in 1/2 Woche durchgeführt werden, es kann aber sicher in weniger als 1 Woche geschehen.

Ähnliche Wirkungen werden auftreten, wenn zur Durchführung eines bestimmten Projektes nicht nur die normalen Schichten, sondern zusätzliche Überstunden benutzt werden.

Dies führt jedoch zu einer neuen Problematik:

a) Die Gesamtprojektdauer ist nicht mehr eindeutig durch die Zahl und Art der durchzuführenden Vorgänge und durch die Kapazitätsbeschränkungen bestimmt, sondern sie kann in bestimmten Grenzen variiert werden.

b) Diese Variationen der Projektzeit haben kostenmäßige Auswirkungen.

c) Es ist daher möglich und sinnvoll, kostenoptimale Projektdauern unter Berücksichtigung aller relevanten Kosten zu bestimmen.

“Relevante Kosten” sind in diesem Fall:

a) *Vorgangskosten*, zu denen im wesentlichen die variablen Kosten der Vorgangsdurchführung gehören, die vorgangsdauerabhängig sind (also z. B. Löhne, verschleißabhängige Wertminderungen und Reparaturen etc.),

b) *Projektkosten*, unter denen wir im wesentlichen Kosten verstehen wollen, die während der Dauer des Projektes in annähernd konstanter Höhe anfallen, und

c) *Verlängerungskosten*, die dadurch entstehen, daß sich die Projektdauer über einen vorgeplanten Zeitpunkt hinaus verlängert. (Hierzu gehören z.B. Konventionalstrafen, Mietausfall, entgangener Gewinn etc.).

Tendenziell ergeben sich normalerweise folgende Kostenverläufe:

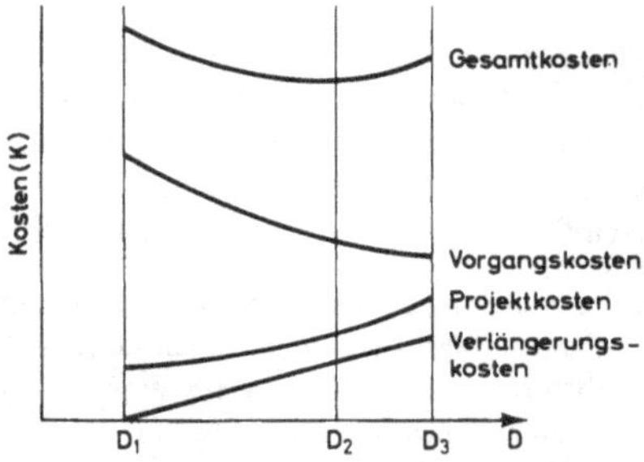

Abb. 50. Kostenverläufe bei variabler Projektdauer

Hierbei bedeuten:

D_3 = Normale Projektdauer bei minimalen Vorgangskosten (Häufigste Ausführungsart).

D_2 = Optimale Projektdauer mit minimalen Gesamtprojektkosten (anzustreben).

D_1 = Minimale Projektdauer; diese ist nur anzustreben, wenn die Wirtschaftlichkeit von untergeordneter Bedeutung ist.

Die Kostenbetrachtung vollzieht sich – ähnlich der Struktur- und Zeitanalyse – in vier Stufen:

a) Bestimmung der Zeit-Kosten-Relation der einzelnen Vorgänge.

b) Bestimmung der Zeit-Kosten-Relation der Projekt- und Verlängerungskosten.

c) Bestimmung der Gesamtkosten-Projektzeit-Relation.

d) Bestimmung der optimalen Projektdauer und des entsprechenden Netzplanes.

Hierbei legt man gewöhnlich für die Vorgangskosten folgende Zusammenhänge zugrunde:

Die Beschleunigung eines Vorganges (i,j) mit der Dauer $D_{i,j}$ und Kosten $K_{i,j}$ bedingt normalerweise eine Kostenerhöhung. (Vermehrter Einsatz von Arbeitskräften, Maschinen, Überstunden etc.).

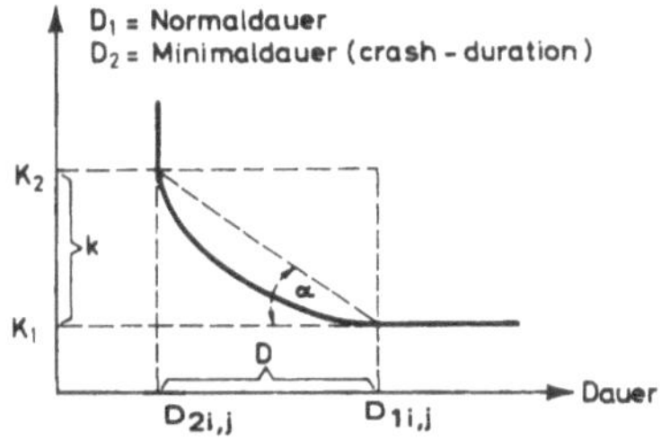

Abb. 51.

Die Kostenkurve hat normalerweise konvexen Verlauf, wird aber für die Rechnung als linear angenommen. Bei Übergang auf ein anderes Verfahren kann ein sprunghafter Anstieg erfolgen. (z.B. Transport: Schiff, Flugzeug).

Es ist offensichtlich, daß die Verkürzung der Projektdauer nur durch eine Verkürzung von kritischen Vorgängen erreicht werden kann.

Zur Bestimmung der Reihenfolge in der die Kürzung der Vorgänge vorgenommen wird, bedient man sich der "mittleren Beschleunigungskosten" MBk_{ij}. Diese ergeben sich als das Verhältnis der *zusätzlichen* Kosten zu der erreichten Verkürzung des einzelnen Vorganges:

$$MBk_{i,j} = \frac{k_{2\,i,j} - k_{1\,i,j}}{D_{1\,i,j} - D_{2\,i,j}} = \frac{k}{D} = \operatorname{tg} \alpha$$

4.2.2 Manuelle Verkürzung von Netzplänen

Zwei Vorgehensweisen sind möglich:

a) Man reduziert die kritischen Vorgänge mit den jeweils niedrigsten MBk_{ij} bis sie entweder ihre Minimaldauer erreicht haben oder neue (zusätzliche) Vorgänge kritisch werden. Auf diese Weise fährt man fort bis die gewünschte Projektdauer erreicht ist.

b) Verkürzung aller Vorgänge auf ihre Minimaldauer und dann stufenweise Erweiterung der Vorgänge mit den jeweils höchsten MBk_{ij} bis die gewünschte Projektlänge erreicht ist.

Die erste Vorgehensart soll anhand des folgenden Beispiels illustriert werden:

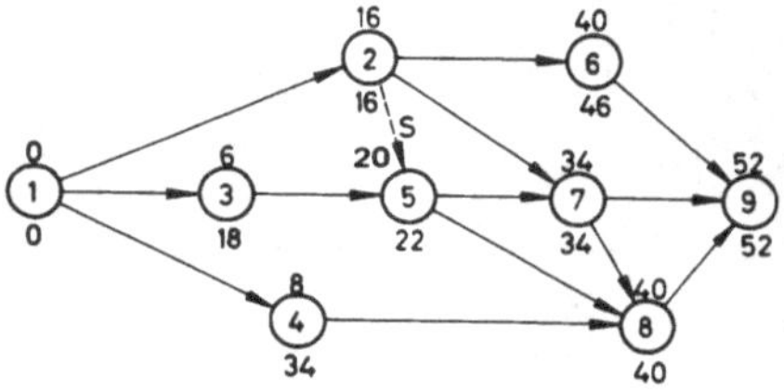

Abb. 52.

Vorgang		Normal-dauer	Minimal-dauer	Kosten bei Normal-dauer	Kosten bei Minimal-dauer	Mittlere Beschleunigungs-kosten pro ZE
i	j					
(1)	(2)	(3)	(4)	(5)	(6)	(7)
1	1	16	8	6200	9400	400
1	3	6	5	2200	2400	200
1	4	8	6	1800	2600	400
2	5	0	0	0	0	0
2	6	24	16	6000	6800	100
2	7	18	12	2800	4300	250
3	5	4	4	1000	1000	0
4	8	6	5	900	1400	500
5	7	3	1	1160	1560	200
5	8	18	16	5000	5600	200
6	9	6	5	2400	3000	600
7	8	6	6	1800	1800	0
7	9	14	8	3000	5100	350
8	9	12	6	4200	7200	500

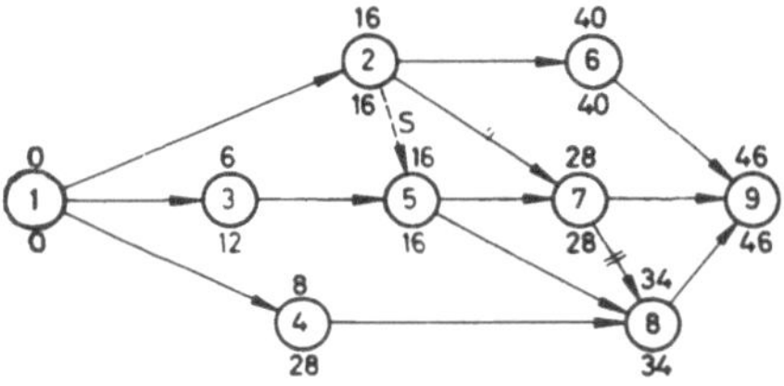

Abb. 53 a)

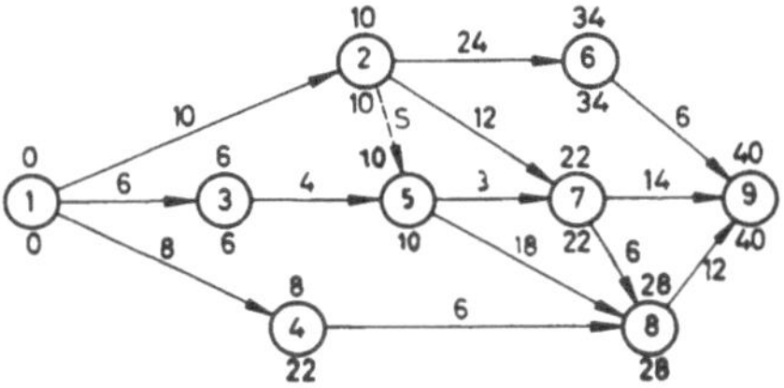

Abb. 53 b)

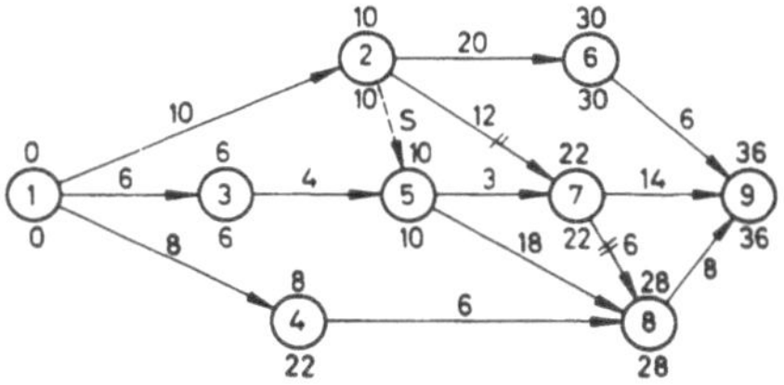

Abb. 53 c)

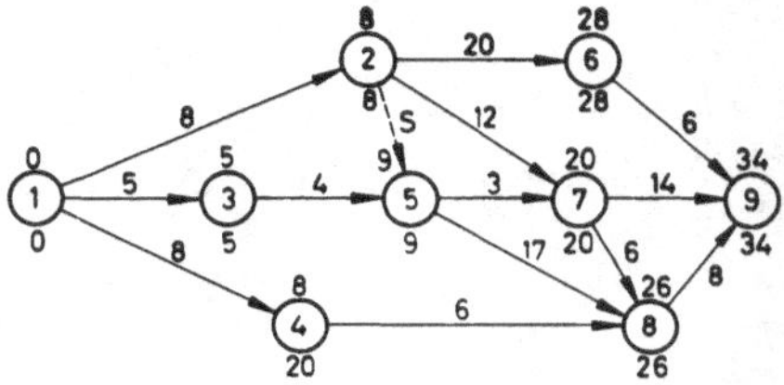

Abb. 53d)

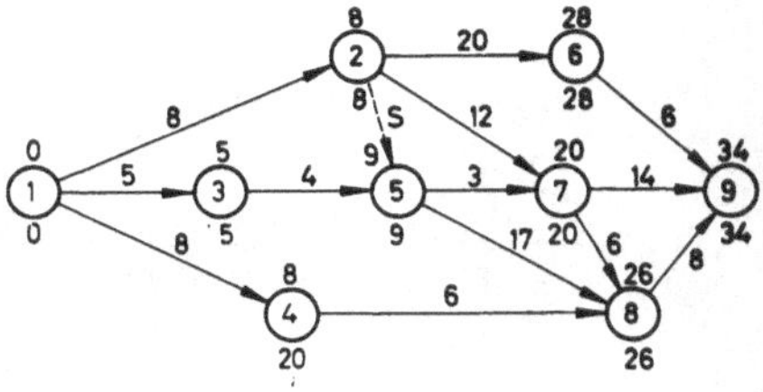

Abb. 53e)

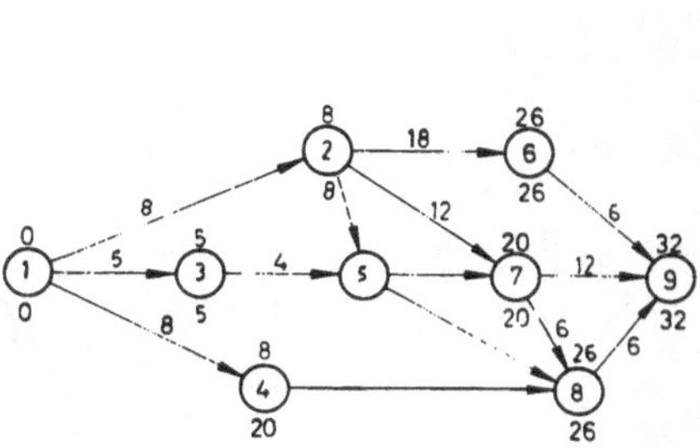

Abb. 53f)

Die folgende Tabelle faßt die Ergebnisse der Kürzungen zusammen:

Normale Projektdauer (kritischer Weg) λ = 52 ZE

Verkürzung Vorgang		Zeiteinh. ZE	Krit. Wege (zusätzl.)	$MBk_{i,j}$	Minimal-Dauer
1	(2–7)	6	(2–5–8) (2–6–9)	250	(2–7)
2	(1–2)	6	(1–3–5)	400	
3	(8–9) (2–6)	4	(7–9)	500 100	
4	(1–2) (1–3)	1	–	400 200	(1–3)
5	(1–2) (5–8)	1	–	400 200	(1–2)
6	(8–9) (7–9) (2–6)	2 2	– –	500 350 100	(8–9)

Wir wollen annehmen, daß sich die in folgender Tabelle in den Spalten 5, 6 angegebenen Verlängerungs- und Projektkosten zusätzlich zu den bei Projektdauer 52 entstehenden Kosten ergeben.

Aus der Spalte der Gesamtprojektkosten ist dann ersichtlich, daß die kostenoptimale Projektdauer *nicht* die Minimaldauer des Projektes von 32 ZE ist, sondern daß lediglich eine Kürzung auf 35 ZE sinnvoll gewesen wäre.

Plan Nr.	Projekt-dauer	Vorgangs-kosten bei Normal-dauer	Beschleuni-gungs-kosten	Verlänge-rungs-kosten	Projekt-kosten	Gesamt-kosten
Spal-te 1	2	3	4	5	6	7
0	52	38660	0	11050	3500	53210
1	46	38660	1500	8860	3080	52100
2	40	38660	3900	6380	2660	51600
3	36	38660	6300	3560	2380	50900
4	35	38660	6900	1630	2310	49500
5	34	38660	7500	1550	2240	50050
6	32	38660	9400	0	2100	50160

4.2.3 Die Verkürzung großer Netzpläne mit Hilfe von EDV

Unsere Vorgehensweise bei der Verkürzung eines Projektnetzplanes könnte wie folgt beschrieben werden:

1. Bestimme den kritischen Pfad oder die kritischen Pfade des Netzplanes.
2. Bestimme die Vorgänge auf diesen Pfaden, die
   a) kürzungsfähig sind
   b) die geringsten mittleren Beschleunigungskosten aufweisen.
3. Kürze diese Vorgänge bis
   a) entweder einer von ihnen die Minimaldauer erreicht
   b) oder neue kritische Pfade entstehen.
4. Wiederhole Schritte 1. bis 3. solange noch auf jedem kritischen Weg mindestens ein verkürzbarer Vorgang vorhanden ist.

   Besteht ein kritischer Pfad lediglich aus unkürzbaren Vorgängen, so bestimmt dessen Länge die minimale Dauer des Projektes.

Bei großen Netzplänen, bei denen eine Analyse mit Hilfe von EDV-Anlagen und -Programmen durchgeführt wird, wird grundsätzlich auf die gleiche Weise vorgegangen.

Während Schritt 1. ohnehin in NPT-Programmen im Rahmen der Zeitanalyse enthalten ist, verlangt Schritt 2. zusätzliche Vorkehrungen. Die beim manuellen Vorgehen benutzte Verfahrensweise ist dazu wenig geeignet. Man verwendet daher zu diesem Zweck oft Netzflußalgorithmen. Ein solcher Algorithmus – der sogenannte Ford-Fulkerson Algorithmus – soll im folgenden in seinen Grundprinzipien besprochen werden.

4.2.3.1 Der Ford-Fulkerson-Algorithmus zur Bestimmung maximaler Flüsse in Netzwerken

Allgemeine Betrachtungen

Wir wollen für unsere Zwecke unter "Netzwerken" Graphen in Form unserer Netzpläne verstehen, in denen ein Fluß von der "Quelle" (dem Anfangsknoten) zur "Senke" (Endknoten) stattfinden kann.

Dabei könnten die Kanten (im Vorgangspfeilnetz) als Rohr oder Drähte bestimmter Kapazitäten $c(i,j) \geqslant 0$ interpretiert werden, die die einzelnen Knoten verbinden. Die Knoten seien kapazitiv unbeschränkt!

Für die in den Kanten fließenden Flüsse $f(i,j)$ gelte $0 \leqslant f(i,j) \leqslant c(i,j)$ und für die Knoten gelte, daß die Summe der Flüsse in den Knoten gleich der Summe der Flüsse aus dem Knoten sei.

Wir verstehen dann unter einem *"zulässigen Fluß"* einen Fluß von Quelle zur Senke für den gilt:

1. $0 \leqslant f(i,j) \leqslant c(i,j)$

2. $\sum_k f(k,i) = \sum_r f(i,r)$ (außer in Quelle und Senke)

Der *maximale Fluß* in diesem Netzwerk sei der größtmögliche Fluß im Netzwerk, der die obigen Bedingungen erfüllt, d. h. der Fluß für den bei Summierung über alle Kanten von Quelle zu Senke gilt:

$$\text{Max } f = \text{Max } \sum_s f(i,s) \qquad \text{oder}$$

$$\text{Max } f = \text{Max } \sum_q f(q,n)$$

wenn n der letzte Knoten im Netzwerk bzw. die Senke ist.

Wir wollen nun weiterhin annehmen, daß

3. Ein Fluß in entgegengesetzer Richtung einen Fluß in der ursprünglichen Richtung vermindert.

   Bezeichnen wir die beiden Flüsse als "Bruttoflüsse" $f'(i,j)$ und den daraus resultierenden Fluß in der zulässigen Richtung als "Nettofluß" $f(i,j)$, so gilt:

   $$f(i,j) = f'(i,j) - f'(j,i) \geqslant 0$$

4. Die Kantenkapazitäten beziehen sich auf die Nettoflüsse, d. h.

   $$f(i,j) = f'(i,j - f'(j,i) \leqslant c(i,j) \qquad \text{oder}$$
   $$f'(i,j) \leqslant c(i,j) + f'(j,i)$$

Zur *Bestimmung des maximalen Flusses* in einem Netzwerk bietet sich nun folgendes Verfahren an: ($g(i,j)$ sind die freien, d.h. noch zur Verfügung stehenden Kantenkapazitäten nach Berücksichtigung der bereits angenommenen Flüsse).

Schritt 1 Setze für alle Kanten:

$$g(i, j) := c(i,j)$$

Schritt 2 Bestimme einen Pfad von der Quelle zur Senke, wobei die freien Kapazitäten $g(i, j)$ in den Kanten dieses Pfades > 0 sein müssen. Wenn kein Pfad gefunden werden kann, ist der maximale Fluß im Netzwerk erreicht.

Schritt 3 Die neuen $g'(i,j)$ ergeben sich zu:

$$g'(i,j) = g(i,j) - f(i,j)$$

Beispiel 1:

Zu bestimmen sei der maximale Fluß in folgendem Netzwerk:

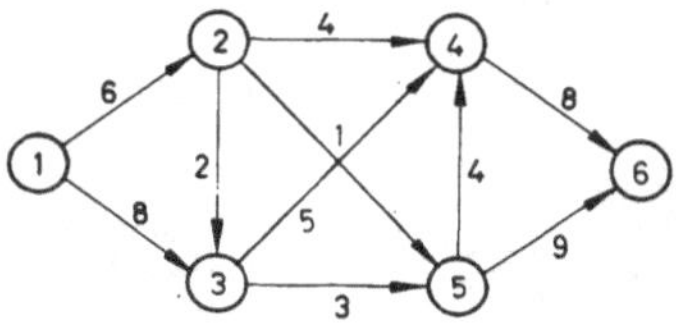

Abb. 54a)

Als erster Pfad werde die Kantenfolge 1–2–4–6 gewählt, in der ein maximaler Fluß von $f_1 = 4$ möglich ist.

Für die noch zur Verfügung stehenden Kapazitäten g'(i, j) ergibt sich dann:

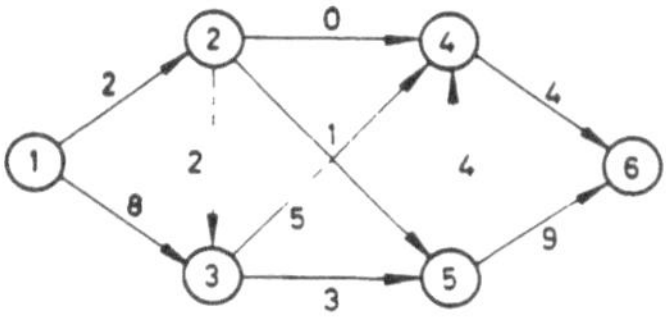

Abb. 54b)

Als zweiter Pfad gelte: 1–3–4–6, der einen maximalen Fluß von $f_2 = 4$ ermöglicht. Die verbleibenden freien Kapazitäten ergeben sich zu:

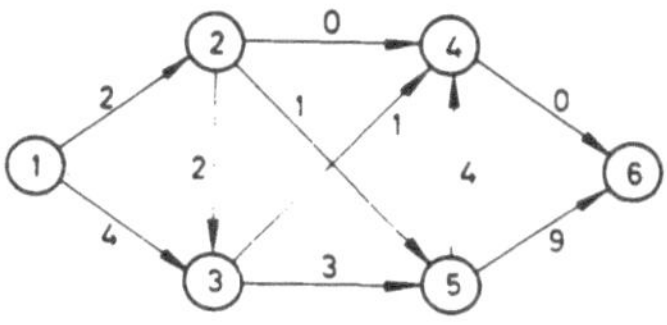

Abb. 54c)

Wird als nächster Pfad die Kantenfolge 1–3–5–6 mit $f_3 = 3$ gewählt, so ergibt sich:

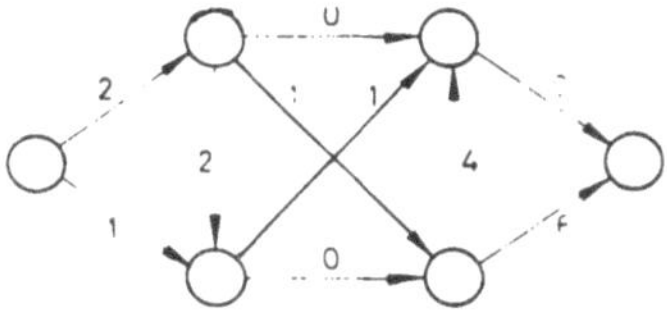

Abb. 54d)

Als letzter möglicher Pfad bleibt die Kantenfolge 1–2–5–6 mit $f_4 = 1$. Danach läßt sich – wie aus folgender Abbildung ersichtlich – kein weiterer positiver Pfad von Knoten 1 zu Knoten 6 finden:

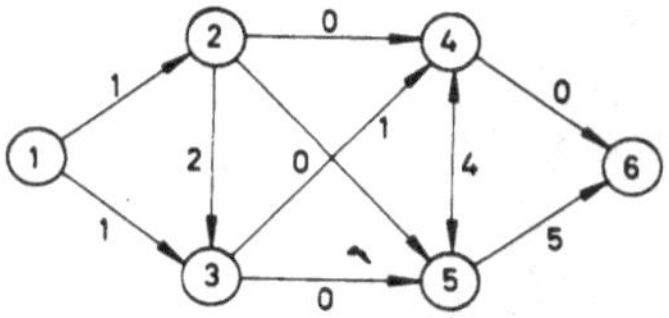

Abb. 55e)

Damit ergibt sich der Maximale Fluß von Knoten (1) zu Knoten (6) in diesem Netzwerk zu $f_1 + f_2 + f_3 + f_4 = 12$.

Beispiel 2:

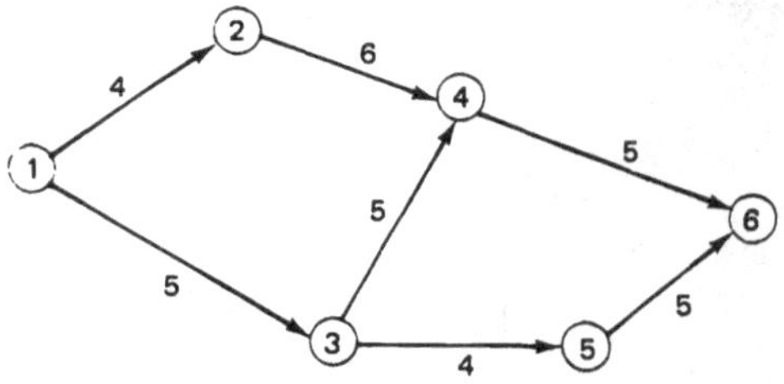

Abb. 56 a)

Wählen wir zunächst Pfad 1–3–4–6, so ergibt sich ein möglicher Fluß von $f_1 = 5$ und die freien Kapazitäten sind:

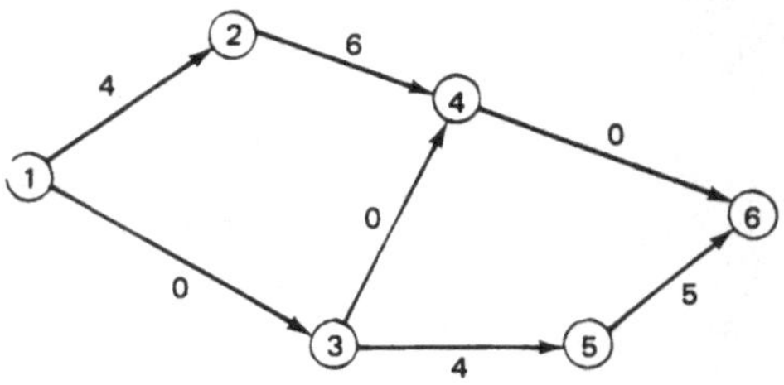

Abb. 56b)

Ein weiterer Fluß könnte nun zunächst nicht mehr bestimmt werden, wenn man nicht die Tatsache berücksichtigt, daß in der Kante 3–4 ein Fluß f'(3–4) = 4 fließt und dementsprechend auch ein Fluß f'(4–3) bis zu einer Höhe von 4 fließen kann. (Dann wäre der Nettofluß f(3–4) = 0!).

Es ergibt sich daher ein weiterer möglicher Fluß $f_2 = 4$ in der Kantenfolge 1–2–4–3–5–6. Die freien Kapazitäten sind nun:

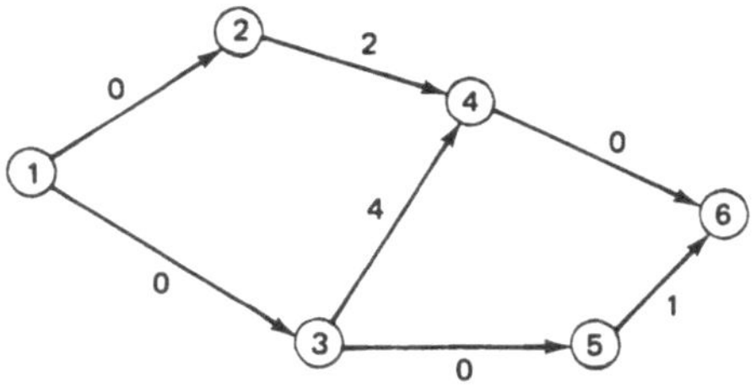

Abb. 56 c)

Da nun kein weiterer zusätzlicher Fluß von Quelle zur Senke gefunden werden kann, ist der maximale Fluß

$$f_{max} = f_1 + f_2 = 5 + 4 = 9.$$

Der Markierungsalgorithmus von Ford-Fulkerson

Für größere Netzwerke birgt das soeben beschriebene Verfahren die Gefahr des Verrechnens oder des Vergessens von "fiktiven Flüssen". Deswegen greift man in diesen Fällen auf den von Ford-Fulkerson vorgeschlagenen Markierungsalgorithmus zurück, in dem die oben beschriebene Vorgehensweise weiter formalisiert wird:[7)]

a) *Besonderheiten und Definitionen*

Erweiterung auf reale Gegenflüsse: Bisher wurde gefordert, daß der Nettofluß in Kantenrichtung zu verlaufen hat. Nun soll der reale Fluß auch entgegen der Kantenrichtung verlaufen dürfen. Bezeichnet c(j, i) die Kapazität für die Aufnahme eines Flusses f(j, i) entgegen der Kantenrichtung, so gilt:

$$-c(j, i) \leqslant f(i, j) \leqslant c(i, j) \qquad \text{und}$$
$$-c(i, j) \leqslant f(j, i) \leqslant c(j, i).$$

7) Die vorangehenden wie auch das nachfolgende Beispiel in Anlehnung an: G. Hadley: Linear Programming, London 1962, S. 337 ff

Schnittmenge: Eine Schnittmenge ist definiert als eine Gruppe von Kanten, die man gleichzeitig durchschneiden müßte, um den Fluß im Netzwerk zu unterbrechen.

Die Kapazität einer Schnittmenge ergibt sich als Summe der Kapazitäten ihrer Elemente. Es leuchtet ein, daß die Schnittmenge mit der kleinsten Kapazität den maximalen Fluß durch das Netzwerk bestimmt. Diese Schnittmenge bzw. ihre Kapazität wird durch den Markierungsalgorithmus ermittelt.

Freie Kapazitäten: Sind lediglich fiktive Gegenflüsse zugelassen, so gilt:

$$g(i, j) = c(i, j) - f(i, j) \geqslant 0$$

$$g(j, i) = f(i, j) = 0$$

Sind auch reale Gegenflüsse zugelassen, so gilt:

$$g(i, j) = c(i, j) - f(i, j) + f(j, i) \geqslant 0$$

$$g(j, i) = c(j, i) - f(j, i) + f(i, j) \geqslant 0$$

b) *Die Schritte des Algorithmus:*

Schritt 1: Setze für alle Kanten

$$g(i, j) := c(i, j)$$

$$g(j, i) := c(j, i)$$

Schritt 2: Die Quelle (Knoten 1) erhält die Marke $M = (m, e_j) = (0, \infty)$. Die Marke M(j) des Knotens j ist aus zwei Größen, m und e(j), zusammengesetzt. Hierbei ist m der Index des Knotens von dem aus der Knoten j markiert wurde, und e(j) ist der mögliche Fluß von der Quelle bis Knoten j.

Von jedem markierten Knoten m aus wird jeder in Betracht kommende unmarkierte Knoten j markiert, sofern $g(m, j) > 0$ ist. Es gilt dabei für $e(j) = \min\{e(m), g(m,j)\}$.

Um Fehler zu vermeiden, ist es sinnvoll, eine geeignete Reihenfolge bei der Markierung zu vereinbaren. Man kann z. B. schrittweise vorgehen: Im ersten Schritt werden die Marken derjenigen Knoten bestimmt, die von der Quelle aus erreichbar sind. Danach wählt man unter den markierten Knoten denjenigen mit der kleinsten Nummer aus und bestimmt wiederum alle möglichen Marken. Anschließend markiert man vom nächst kleineren Knoten aus usw., bis die Knoten des ersten Schrittes erschöpft sind. Analog erfolgt die Markierung von denjenigen Knoten aus, die im zweiten und den weiteren Schritten markiert wurden.

Der Markierungsprozeß wird abgebrochen, sobald die Senke markiert wird. Danach erfolgt der Übergang zu Schritt 3.

Schritt 3: Ist die Senke markiert worden, so gibt deren e(n) den möglichen Fluß von der Quelle bis zur Senke auf dem Pfad an, den man durch ein Rückwärtsverfolgen der jeweiligen Markenelemente m bestimmen kann. Dieser Teilfluß $f_k = e(n)$ wird nun vermerkt (um später den maximalen Fluß

$$f_{max} = \sum_k f(k)$$ bestimmen zu können) und die Größen der freien Kantenkapazitäten werden unter Berücksichtigung des Flusses f_k auf folgende Weise berichtigt:

Bei Vorwärtsmarkierung:

$$g(i, j) := g(i, j) - e(n)$$
$$g(j, i) := g(j, i) + e(n)$$

Bei Rückwärtsmarkierung:

$$g(i, j) := g(i, j) + e(n)$$
$$g(j, i) := g(j, i) - e(n)$$

Danach werden alle Marken gelöscht und die Schritte 2 und 3 solange wiederholt, bis die Senke nicht mehr markiert werden kann.

Die Summe der bis dahin gefundenen Flüsse von Quelle zur Senke ist der maximale Fluß in dem betrachteten Netzwerk.

Die folgende Abbildung zeigt die Marken eines Markierungsdurchganges bei dem der Fluß $f_1 = 1$ auf dem Wege 1–2–7–11–13 gefunden wurde.

Beispiel 3: **(Die Zahlen an den Kanten geben die freien Kapazitäten g(i,j) bzw.** g(j, i) an. Die g(j, i)-Werte sind eingeklammert).

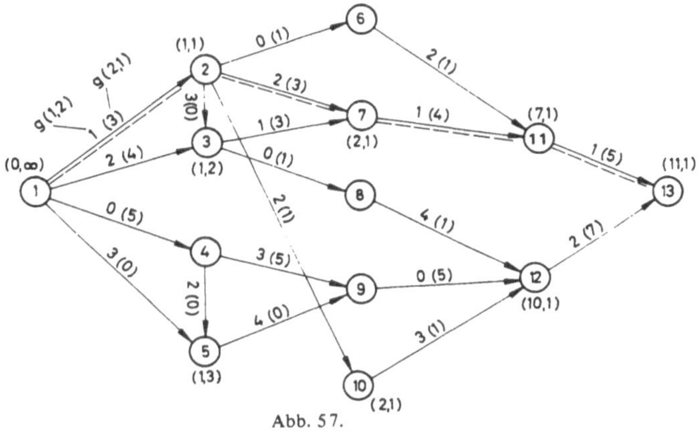

Abb. 57.

4.2.3.2 Der Ford-Fulkerson-Algorithmus als Mittel der kostenoptimalen Netzplanverkürzung

a) *Problemstellung:* Wenn durch den Einsatz zusätzlicher Mittel die Vorgänge in einem Netzplan beschleunigt werden können und dadurch eine kürzere Projektdauer zu erreichen ist, so interessieren hauptsächlich zwei Fragen:

1. Welches ist die minimale Projektdauer?
2. Wie ist der Verlauf der Projektkosten zwischen normaler und minimaler Projektdauer?

b) *Zeitabhängige Kostenverläufe der Vorgänge:* Der Ford-Fulkerson-Algorithmus setzt konvexe Kostenverläufe voraus, andernfalls ist unsicher, ob der Algorithmus zu optimalen Lösungen führt. Im einfachsten Fall sind die Kosten der Vorgänge in Abhängigkeit von der Vorgangsdauer im gesamten Bereich zwischen Normal- und Minimaldauer linear, bei nichtlinearen Verläufen muß linearisiert werden.

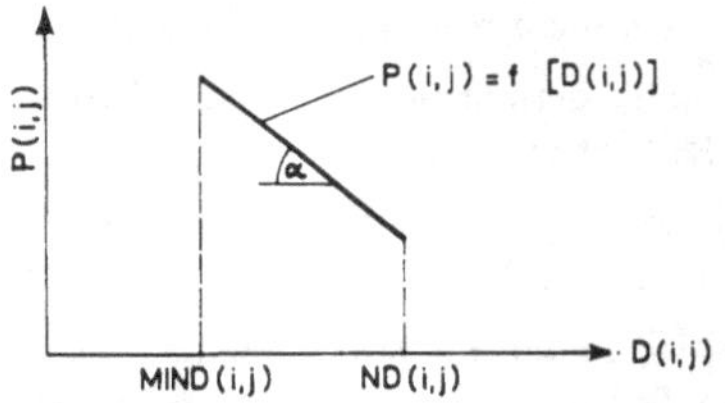

Abb. 58. Linearer Kostenverlauf eines Vorganges (i, j) in Abhängigkeit von der Vorgangsdauer D(i, j).

Benutzte Symbole:

P(i, j)	=	Zeitabhängige Kosten des Vorgangs (i, j)
ND(i, j)	=	Normaldauer des Vorgangs (i, j)
MIND(i, j)	=	Minimaldauer des Vorgangs (i, j)
D(i, j)	=	Aktuelle Vorgangsdauer mit MIND (i, j) $\leqslant$ D(i, j) $\leqslant$ ND(i, j)
c(i, j)	=	Kostensteigerungsfaktor (=- tan α), der angibt, welche zusätzlichen Kosten bei der Beschleunigung des Vorgangs (i, j) um 1 Zeiteinheit entstehen.

Interpretation: der Kostenfaktor c(i, j) kann als Kapazität des Vorgangs (i, j) für die Aufnahme von Beschleunigungskostenstrom aufgefaßt werden.

c) Schnittmenge und optimale Schnittmenge

Netzplanverkürzung bedeutet Verkürzung des kritischen Weges im Netzplan. Sind mehrere Wege kritisch, so müssen diese gleichzeitig verkürzt werden. Da ausschließlich kritische Vorgänge für eine Verkürzung in Betracht kommen, ist die Definition einer Schnittmenge in Analogie zum Bezeichnungsalgorithmus (s.o.) möglich:

Schnittmenge = Gruppe von kritischen Vorgängen, die gleichezeitig zu verkürzen sind, wenn ein Netzplan verkürzt werden soll.

Mit den angenommenen Kostenverläufen entstehen bei der Verkürzung eines Vorgangs Beschleunigungskosten. Diese sollen minimiert werden, so daß die optimale Schnittmenge folgendermaßen definiert werden kann:

Optimale Schnittmenge = Schnittmenge mit den geringsten Beschleunigungskosten für einen Verkürzungsschritt.

d) Analogie zwischen Kosten und Flüssen

Zwischen der Suche nach den minimalen Beschleunigungskosten je Zeiteinheit eines Verkürzungsschritts und der Bestimmung des maximalen Flusses durch die kritischen Wege des Netzwerks besteht folgende, für das Verständnis des Ford-Fulkerson-Algorithmus wesentliche, Analogie:

Die Beschleunigungskosten, die bei der Verkürzung eines kritischen Vorgangs entstehen, können als Kostenstrom aufgefaßt werden, der auf dem betreffenden kritischen Weg vom Anfangs- zum Zielereignis fließt. Die Stärke dieses Kostenstroms ist durch den Vorgang mit der geringsten freien Kapazität begrenzt. Dieser Vorgang stellt einen Engpaß dar und ist Element der optimalen Schnittmenge.

Sind mehrere Wege kritisch, so ist der maximale Fluß durch das Netzwerk als Summe der Teilflüsse durch die kritischen Wege zu bestimmen. Die optimale Schnittmenge wird aus den Vorgängen gebildet, bei denen der Fluß die Kapazitätsgrenze erreicht (Engpässe).[8)]

Die Beschleunigungskosten eines Verkürzungsschrittes ergeben sich als resultierender Kostenstrom über alle kritischen Wege, d. h. als Summe der Kostenfaktoren aller Engpaßvorgänge.

8) Sind auf einem kritischen Weg mehrere Engpässe vorhanden, so wird lediglich der erste Engpaß durch den Algorithmus berücksichtigt.

Wenn ein Vorgang (i, j) auf Minimaldauer MIND (i, j) verkürzt ist, so wird ihm für die folgenden Verkürzungsschritte der Kostenfaktor $c(i, j) = \infty$ zugeordnet. Dadurch wird erreicht, daß dieser Vorgang nicht noch einmal Engpaß für den Kostenstrom, d. h. Element der optimalen Schnittmenge sein kann.

e) Weitere Bezeichnungen

Der Startknoten wird mit 1, der Zielknoten mit n bezeichnet. Der Starttermin des Projekts wird auf den Zeitpunkt 0 festgelegt. Für die folgenden Größen soll $i < j$ gelten, was der Algorithmus zwar nicht grundsätzlich erfordert, wodurch aber in einfacher Weise die Markierungsrichtungen "vorwärts" und "rückwärts" unterschieden werden. Es bedeuten:

FZ (i) – früheste Zeit des Ereignisses i FZ (n) → Projektdauer

pn (i, j) – Pufferzeit des Vorgangs (i, j) bei Normaldauer
$pn(i, j) = FZ(j) - FZ(i) - D(i, j)$

pmin (i, j) – Pufferzeit des Vorgangs (i, j) bei Minimaldauer
$pmin(i, j) = FZ(j) - FZ(i) - MIND(i, j)$

f (i, j) – Stärke des Kostenstroms im Vorgang (i, j)

e (i) – freie Kapazität für Aufnahme von Kostenstrom in dem markierten Pfad zwischen der Ereignissen (1) und (n)

s_k – Kostenstrom des kritischen Weges k = Kostenfaktor c(i, j) des Engpaßvorgangs auf dem kritischen Weg k

s - resultierender Kostenstrom für einen Verkürzungsschritt.

$$s = \sum_k s_k \quad \text{k-alle kritischen Wege}$$

f) Bedeutung der Marken und Markierungseinrichtungen

Die Marke M(j) eines Knotens j ist wie bisher aus zwei Größen zusammengesetzt:

$$M(j) = [m, e(j)]$$

m - Vorknoten auf dem markierten Pfad von 1 bis j
e(j) - freie Kapazität für Kostenstrom (vgl. S. 62 und s. u.).

Die Markierungsrichtung ergibt sich durch den Vergleich von m und j:

a) $m < j \rightarrow$ *Vorwärts*markierung, d. h. Kostenstrom und Vorgang (m, j) sind gleichgerichtet.

b) $m > j \rightarrow$ *Rückwärts*markierung, d. h. Kostenstrom und Vorgang (j, m) sind entgegen gerichtet.

Ist ein Vorgang Element der optimalen Schnittmenge, so wird er im Fall a) verkürzt und im Fall b) verlängert.

Für e(j) gilt: $e(j) = \min \; e(m), c(m, j) - f(m, j)$ für $m < j$.

$e(j) = \min \; e(m), f(j, m) - c(j, m)$ für $j < m$

Eine Marke M(j) ist nur dann zulässig, wenn $e(j) > 0$, da sonst der Vorgang (m, j) bzw. (j, m) keinen zusätzlichen Kostenstrom aufnehmen kann.

Beim Übergang von einem Verkürzungsschritt zum nächsten brauchen die Kostenströme, die durch die kritischen Wege fließen, nicht neu aufgebaut zu werden. Es genügt, die Veränderungen gegenüber dem vorhergehenden Verkürzungsschritt zu berechnen, daher bleiben die f(i, j)-Werte nach erfolgter Verkürzung erhalten (genauere Begründung s. u.).

g) Die Phasen des Verfahrens

Das Verfahren der Netzplanverkürzung nach Ford-Fulkerson läuft in zwei Phasen ab:

1. Phase – Markierung

1a) *Prüfung auf mögliche Verkürzung*

Wenn ein kritischer Weg gefunden wird, auf dem sämtliche Vorgänge ihre Minimaldauer erreicht haben, so ist eine weitere Netzplanverkürzung nicht möglich.

1b) *Bestimmung der optimalen Schnittmenge*

Ausgehend vom Startknoten, der in Phase 1a) markiert wurde, werden die Knoten auf den kritischen Wegen markiert. Die Markierung eines Knotens j kann nur von einem markierten Knoten m aus erfolgen. Außerdem sind Marken mit e(j) =0 nicht zugelassen. Der Wert e(j) bestimmt sich in Abhängigkeit von der Markierungsrichtung aus den obigen Gleichungen.

Wird der Endknoten n markiert, so bedeutet dies einen Durchbruch ("breakthrough"), d. h. es ist ein Pfad markiert worden, der einen zusätzlichen Kostenstrom in Höhe von e(n) aufnimmt. Ein Vorgang auf diesem Pfad (der Engpaßvorgang) ist Element der optimalen Schnittmenge. Nach Erhöhung des Kostenstroms in den Vorgängen des markierten Pfades werden alle Marken gelöscht, und die Markierung beginnt von neuem. Kann der Endknoten nicht markiert werden, was von Fulkerson mit Halt ("non-break-through") bezeichnet wird, so kann der Kostenstrom für einen Verkürzungsschritt nicht mehr vergrößert werden. Bei einem Halt sind alle kritischen Vorgänge (i,j), bei denen i markiert und j unmarkiert ist, Elemente der optimalen Schnittmenge.

2. Phase – Verkürzung

Wenn die optimale Schnittmenge bestimmt ist, erfolgt die Verkürzung, bis eine der folgenden Bedingungen erfüllt ist:

1. Für ein Element (i, j) der optimalen Schnittmenge wird die Minimaldauer erreicht:

$$D(i,j) \rightarrow MIND(i,j) \rightarrow pmin(i,j) = 0$$

2. Ein nicht-kritischer Vorgang (i, j) wird

$$\text{kritisch} \rightarrow pn\,(i,j) = 0$$

3. Ein bereits verkürzter kritischer Vorgang (i, j) wird wieder auf Normaldauer verlängert

$$\rightarrow pn(i,j) = 0$$

Die optimalen Schnittmengen zweier aufeinanderfolgender Verkürzungsschritte unterscheiden sich nur in einem oder wenigen Elementen:

α) Wird ein kritischer Vorgang auf Minimaldauer verkürzt, so ist beim nächsten Verkürzungsschritt dieser Vorgang gegen einen anderen mit höherem Kostenfaktor auszutauschen.

β) Wird durch die Verkürzung ein anderer Weg im Netzplan kritisch, so ist beim nächsten Verkürzungsschritt die optimale Schnittmenge um ein Element zu vergrößern.

In Analogie zum Netzfluß bedeutet dies für

Fall α) Der Fluß in dem kritischen Weg wird erhöht.

Fall β) Der hinzugekommene kritische Weg nimmt zusätzlichen Kostenstrom auf.

Wegen dieser Zusammenhänge ist es nicht erforderlich, die Teilkostenströme durch die kritischen Wege für jeden Verkürzungsschritt neu aufzubauen. Es wird lediglich die Änderung des Kostenstroms gegenüber dem vorhergehenden Verkürzungsschritt berechnet, die f(i, j)-Werte bleiben demnach beim Übergang von einem Verkürzungsschritt zum nächsten erhalten.

Bei den angenommenen Kostenverläufen der Vorgänge (s. o.) ergibt sich folgende Kostenkurve in Abhängigkeit von der Projektdauer: (s. S. 83).

Bei jedem Knick steigen die Beschleunigungskosten pro ZE.

h) Die Schritte des Algorithmus

Anfangswerte: Berechnung der Ereigniszeiten FZ(i) für alle Knoten i.

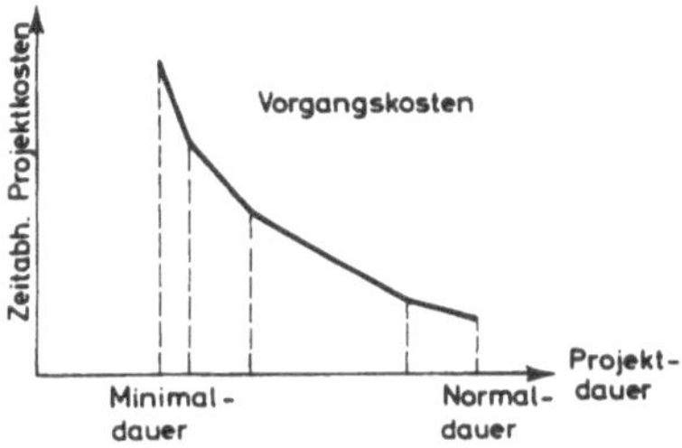

Abb. 59.

Schritt 1 (Markierungsphase 1a):

Knoten 1 erhält die Marke (0,∞). Unmarkierte Knoten j werden von markierten Knoten m aus durch Marken vom Typ (m, ∞) markiert, wenn gilt:

1. Markierungsrichtung "vorwärts",
2. pmin (m, j) = 0.

Zwei Fälle sind zu unterscheiden:

a) Endknoten n ist markiert worden. Dann ist ein kritischer Weg bestehend aus nicht mehr zu verkürzenden Vorgängen gefunden. Ende der Rechnungen.

b) Endknoten n kann nicht markiert werden: Verkürzung ist möglich, Fortsetzung mit Schritt 2.

Schritt 2 (Markierungsphase 1b):

Die Marken aus Schritt 1 bleiben erhalten. Für $j > 1$: Von jedem markierten Knoten m aus werden die erreichbaren unmarkierten Knoten j markiert, falls eine der folgenden Bedingungen erfüllt ist:

Für $m < j$ (Vorwärtsmarkierung):

1. pn (m, j) = 0

(krit. Vorgang, noch nicht verkürzt)

→ Marke [m, e(j)]
mit e(j) = min e(m), c(m, j) - f(m, j)

2. pmin (m, j) = 0 (Minimaldauer erreicht)

→ Marke [m, e(m)]

Für m > j (Rückwärtsmarkierung):

3. | pmin (j, m) = 0 und f(j, m) > c(j, m)[9] |

Der Vorgang (j, m) war auf Minimaldauer verkürzt worden, danach wurde c(j, m) = ∞ gesetzt und zusätzlicher Kostenstrom von (j, m) aufgenommen.

Jetzt Rückwärtsmarkierung → c(j, m) erhält wieder den ursprünglichen Wert.

Wenn alle zulässigen Marken bestimmt worden sind, sind 2 Fälle zu unterscheiden:

a) Endknoten n ist markiert worden

→ Durchbruch, Fortsetzung mit Schritt 3

b) Endknoten n konnte nicht markiert werden

→ Halt, Fortsetzung mit Schritt 4

Schritt 3 Änderung des Kostenstroms in den Vorgängen des markierten Pfads.

Der markierte Pfad wird von n aus bis zum Startereignis zurückverfolgt und die aktuellen Flüsse in den Vorgängen (i, j) dieses Weges um e(n) verändert:

$$\text{für } i < j: \quad f(i,j) := f(i,j) + e(n)$$
$$i > j: \quad f(i,j) := f(i,j) - e(n)$$

Nach Erreichen des Startknotens werden alle Marken gelöscht, Fortsetzung mit Schritt 2.

Schritt 4 Verkürzung

Zunächst werden die Teilmengen A und B gebildet:

Teilmenge A: Vorgänge (m, j) mit m markiert, j unmarkiert sowie

a) pn(m, j) > 0

(nicht-kritische Vorgänge)

oder

b) pn(m, j) ≤ 0 und pmin(m, j) > 0

(kritische, noch nicht auf Minimaldauer verkürzte Vorgänge)

[9] Ursprünglicher Kostenfaktor des Vorgangs (j, m)

Teilmenge B: Vorgänge (j, m) mit m markiert, j unmarkiert und

$pn(j, m) < 0$

(kritische verkürzte Vorgänge)

Berechnung der Teilminima:

$$\delta_1 = \min_{A} \{pn(m, j), pmin(m, j)\}$$

$$\delta_2 = \min_{B} \{pn(j, m)\}$$

Maximale Projektverkürzung des aktuellen Verkürzungsschritts:

$$\delta = \min \{\delta_1, \delta_2\}$$

Anschließend werden die Ereigniszeiten FZ(j) aller unmarkierten Knoten j um δ verkürzt. Ebenso werden die zur optimalen Schnittmenge gehörenden kritischen Vorgänge (m, j) mit m markiert, j unmarkiert um δ verkürzt bzw. die Vorgänge (j, m) zum δ verlängert.

Ende des Verkürzungsschritts, Löschen aller Marken und Fortsetzung mit Schritt 1.

Der soeben beschriebene Algorithmus soll an einem einfachen Beispiel illustriert werden:

Beispiel: Überholung einer Anlage. Netzplan mit 5 Vorgängen und 4 Ereignissen.

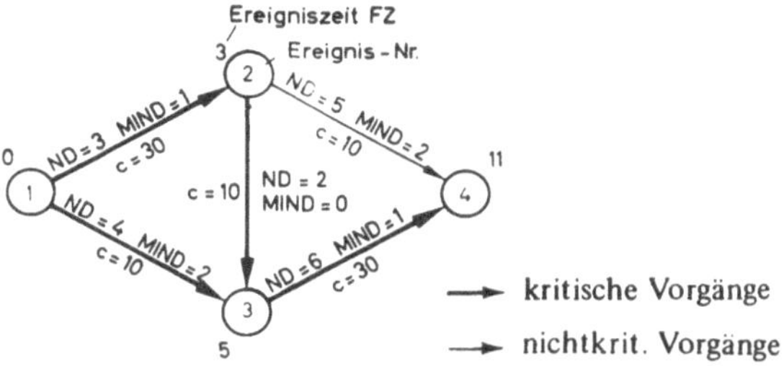

Abb. 60a.

Tätigkeit (i, j)	Normaldauer ND(i, j)	Minimaldauer MIND(i, j)	Kostenfaktor c(i, j)
(1, 2)	3	1	30
(1, 3)	4	2	10
(2, 3)	2	0	10
(2, 4)	5	2	10
(3, 4)	6	1	30

Die Dauer D(i, j) der Vorgänge (i, j) ist veränderlich in den Grenzen ND(i, j) und MIND(i, j). Bei Beschleunigung eines Vorgangs um 1 ZE entstehen Kosten in Höhe von c(i, j) Geldeinheiten.

In diesem Beispiel können die Verkürzungsschritte leicht verfolgt werden. Zunächst verläuft der kritische Weg über die Knoten 1–2–3–4, und die Projektdauer beträgt 11 ZE. Der Vorgang (2, 3) hat den kleinsten Kostenfaktor und stellt daher die optimale Schnittmenge dar. Durch Verkürzung um 1 ZE sinkt die Projektdauer auf 10 ZE, und Vorgang (1, 3) wird ebenfalls kritisch. Zur weiteren Beschleunigung müssen jetzt beide kritischen Weg 1–2–3–4 und 1–3–4 verkürzt werden. Günstigste Möglichkeit ist die gleichzeitige Verkürzung der Vorgänge (1, 3) und (2, 3) um je 1 ZE, wonach Vorgang (2, 3) seine Minimaldauer erreicht hat. Die weitere Verkürzung erfolgt sinngemäß.

Nach dem Ford-Fulkerson-Algorithmus werden folgende Verkürzungsschritte berechnet:

1. Verkürzungsschritt[10)]

Anfangswerte:
Die Ereigniszeiten FZ(i) bei unverkürzten Vorgängen sind in dem Bild auf S. 85 angegeben.

1. Iteration[11)]

Schritt 1 (Markierungsphase 1a):

Lediglich der Startknoten kann mit einer Marke der Art (m, ∞) versehen werden. Die Projektdauer ist also noch zu verkürzen.

10) Ein Verkürzungsschritt umfaßt die beiden Phasen (Markierung und Verkürzung) des Algorithmus. Dabei ist ⩾ 1 Iteration erforderlich.

11) Bei einer Iteration wird die Schrittfolge des Algorithmus einmal durchlaufen bzw. nach Schritt 3 abgebrochen.

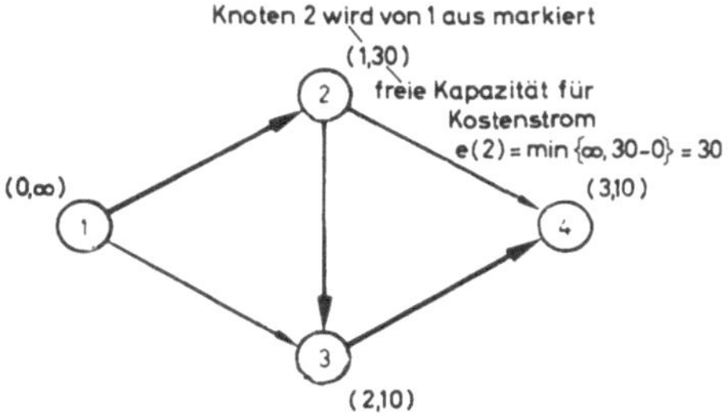

Abb. 60b.

Schritt 2 (Markierungsphase 1b):

Knoten 2, 3 und 4 werden markiert → Durchbruch auf Pfad 1–2–3–4.

Schritt 3

In dem markierten Pfad 1–2–3–4 wird der Kostenstrom um e(4) = 10 erhöht:

$$f(1, 2) = 10$$
$$f(2, 3) = 10$$
$$f(3, 4) = 10$$
Teilkostenstrom s_1 = 10/ZE

Anschließend werden die Marken gelöscht.

2. Iteration

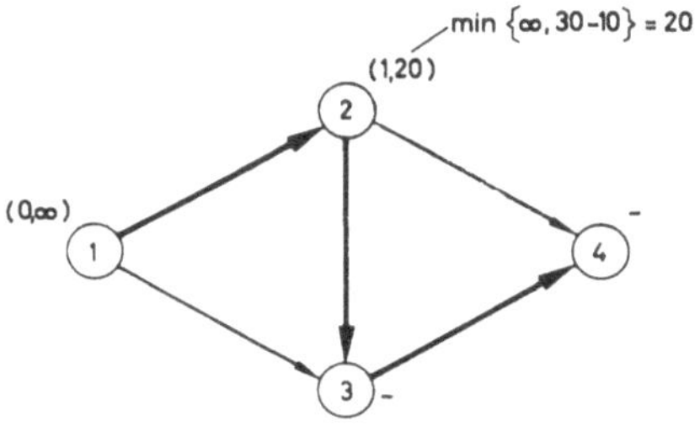

Abb. 60c.

Schritt 1 (Phase 1a):

Knoten 1 erhält die Marke (0,∞).

Schritt 2 (Phase 1b):

Knoten 2 erhält die Marke (1, 20). Weitere Markierung nicht möglich, da in Vorgang (2, 3) maximaler Kostenstrom erreicht und (1, 3) sowie (2, 4) keine kritischen Vorgänge. Vorgang (2, 3) ist hier erstes und einziges Element der optimalen Schnittmenge.

Kostenstrom der optimalen Schnittmenge $s = s_1 = 10/ZE$.

Schritt 4 (Verkürzung):

Elemente der Teilmenge A[12]: Vorgänge (1, 3), (2, 3) und (2, 4).

Elemente der Teilmenge B[13]: nicht vorhanden.

Pufferzeiten: pn (1, 3) = 1 → δ = 1 ZE
pmin (2, 3) = 2
pn (2, 4) = 3

Verkürzen des kritischen Vorgangs (2, 3) und der Ereigniszeiten bei den unmarkierten Knoten 3 und 4 um δ = 1 ZE:

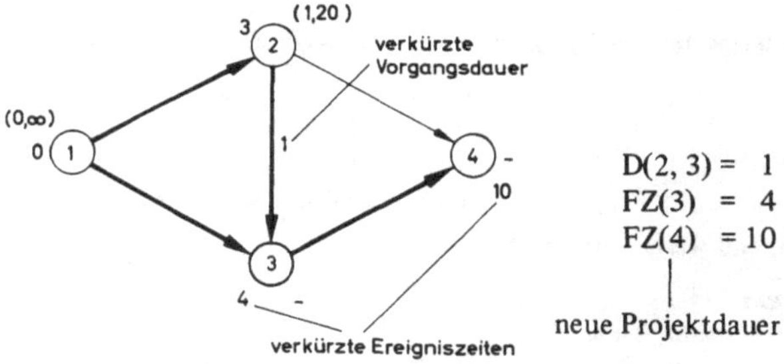

Abb. 61a.

Durch die Verkürzung wird (1, 3) ebenfalls kritisch.

2. Verkürzungsschritt

3. Iteration

Schritt 1 (Phase 1a):

Knoten 1 erhält die Marke (0, ∞). Weitere Knoten der Art (m, ∞) nicht möglich, Projektdauer daher noch zu verkürzen.

[12] Vorgänge (i, j) mit i markiert, j unmarkiert
und pn (i, j) > 0 (nicht-krit. Vorgang)
oder pmin (i, j) > 0 (krit. Vorgang),

[13] Vgl. Algorithmus.

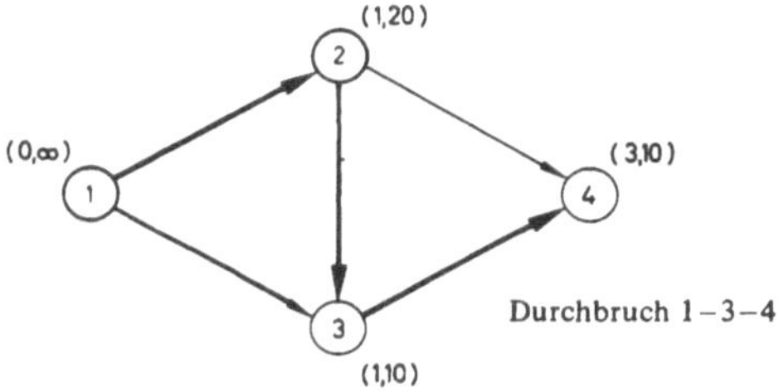

Abb. 61b.

Schritt 2 (Phase 1b):

Es wird lediglich die Erhöhung des Kostenstroms gegenüber der vorangegangenen Verkürzung (Iteration 1) berechnet, die f(i, j)-Werte bleiben daher erhalten:

$$M(2) = [1, \min\{\infty, 30-10\} = 20]$$
$$M(3) = [1, \min\{\infty, 10-\ 0\} = 10]$$

Knoten 4 wird von 3 aus markiert:

$$M(4) = [3, \min\{10, 30-10\} = 10]$$

→ Durchbruch auf dem Pfad 1–3–4

Schritt 3.

Die Vorgänge des markierten Pfades 1–3–4 nehmen einen zusätzlichen Kostenstrom in Höhe von e(4) = 10 auf:

$$f(1, 3) = 10$$
$$f(3, 4) = 20$$

Teilkostenstrom $s_2 = 10/ZE$

Anschließend werden die Marken gelöscht.

4. Iteration:

Schritt 1 (Phase 1a): Knoten 1 → Marke (0, ∞)

Schritt 2 (Phase 1b): Knoten 2 → Marke (1, 20)

Knoten 3 kann nicht markiert werden, da in Vorgang (1, 3) und (2, 3) maximaler Kostenstrom erreicht ist → (1, 3) und (2, 3) sind die Elemente der optimalen Schnittmenge.

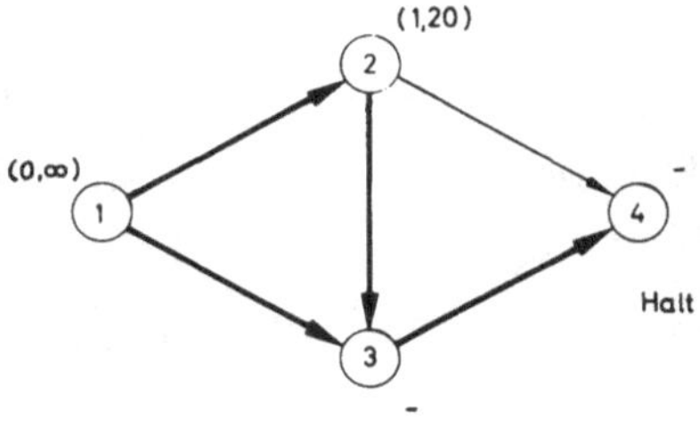

Abb. 61c.

Resultierender Kostenstrom des 2. Verkürzungsschritts: $s = s_1 + s_2 = 20/ZE$

Schritt 4: Elemente der Teilmenge A: Vorgänge (2, 3), (1, 3) und (2, 4)

Pufferzeiten: pmin (2, 3) = 1 → δ = 1 ZE
pmin (1, 3) = 2
pn (2, 4) = 2

Verkürzen der Ereigniszeiten bei den unmarkierten Knoten 3 und 4 und der kritischen Vorgänge

(2, 3) mit 2 markiert, 3 unmarkiert
und
(1,3) mit 1 markiert, 3 unmarkiert
um δ = 1 ZE:

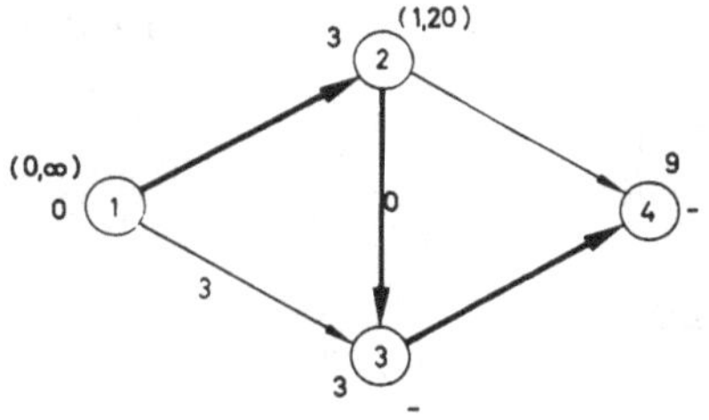

FZ(3) = 3
FZ(4) = 9 (= neue Projektdauer)
D(2,3) = O = MIND(2,3)
D(1,3) = 3

Abb. 61d.

Durch die Verkürzung erreicht der Vorgang (2, 3) seine Minimaldauer, daher wird für den nächsten Verkürzungsschritt c(2, 3) = ∞ gesetzt.

3. Verkürzungsschritt

5. Iteration

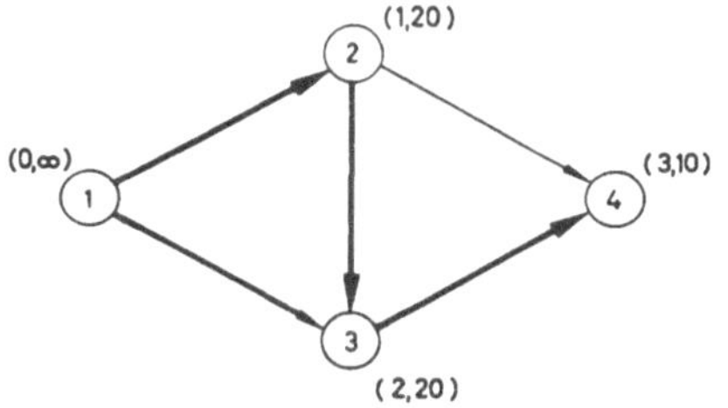

Durchbruch 1–2–3–4
Teilkostenstrom s_3 = 10/ZE

Abb. 61e.

Erhöhung des Kostenstroms:

$$f(1, 2) = 20$$
$$f(2, 3) = 20$$
$$f(3, 4) = 30$$

Löschen der Marken.

6. Iteration

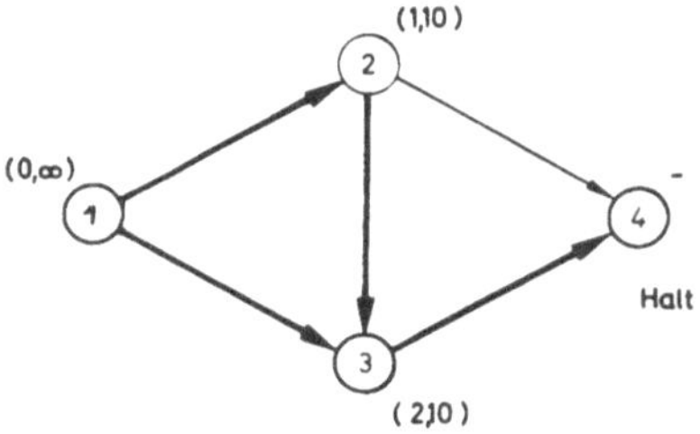

Abb. 61f.

Vorgang (3, 4) ist einziges Element der optimalen Schnittmenge.

Resultierender Kostenstrom $s = s_1 + s_2 + s_3 = 30/\text{ZE}$

Pufferzeiten der Elemente von A:

$$pn\ (2, 4) = 1 \rightarrow \delta = 1 \text{ ZE}$$
$$pmin\ (3, 4) = 5$$

Verkürzen von FZ(4) und D(3, 4) um 1 ZE:

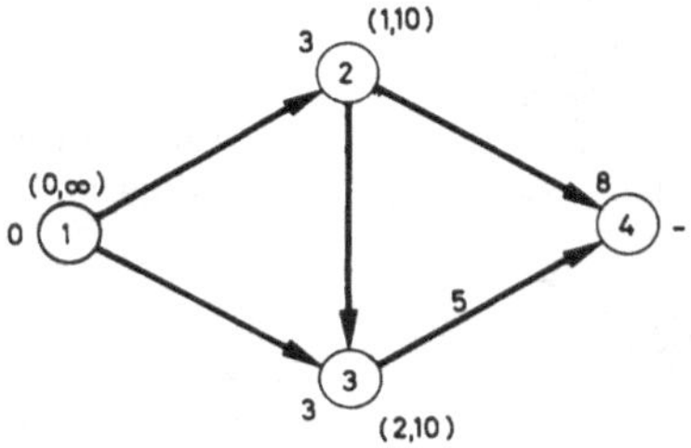

Abb. 62a.

FZ(4) = 8 (= neue Projektdauer)
D(3, 4) = 5

Danach ist auch (2, 4) kritisch, und der Netzplan besteht nur noch aus kritischen Vorgängen.

4. Verkürzungsschritt

7. Iteration

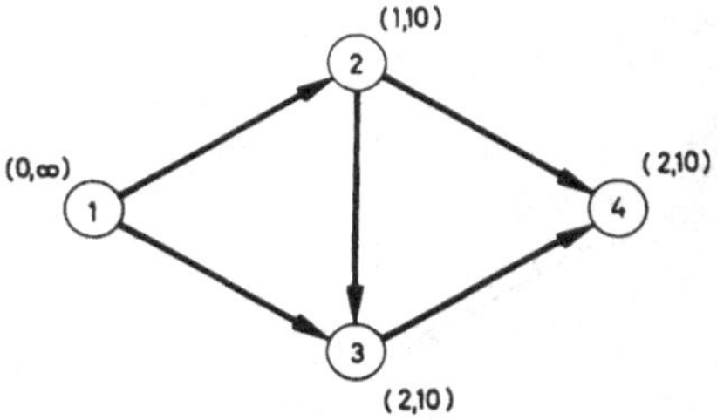

Abb. 62b.

Durchbruch 1–2–4
Teilkostenstrom s_4 = 10/ZE

Knoten 3 kann von 1 aus nicht markiert werden, da in (1, 3) maximaler Kostenstrom erreicht.

Erhöhung des Kostenstroms:

$$f(1, 2) = 30$$
$$f(2, 4) = 10$$

Löschen der Marken.

8. Iteration

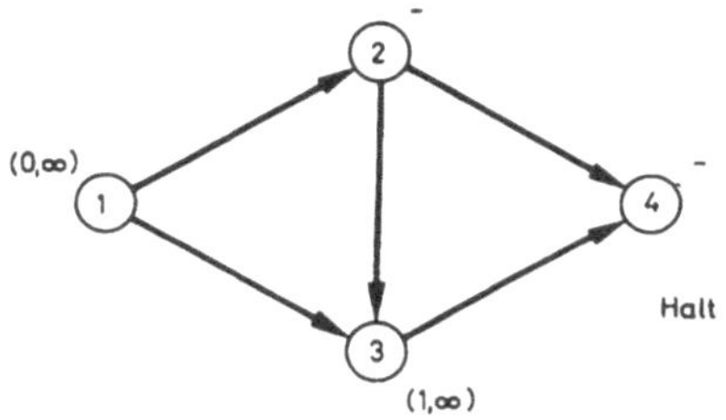

Abb. 62c.

Optimale Schnittmenge: (1, 2) und (1, 3)

Resultierender Kostenstrom: $s = \sum_{i=1}^{4} s_i = 40/ZE$

Pufferzeiten der Elemente von A:

pmin (1, 2) = 2
pmin (1, 3) = 1 → δ = 1 ZE

Verkürzen von FZ(2), FZ(3), FZ(4) sowie D(1, 2) und D(1, 3) zum δ = 1 ZE:

FZ(2) = 2
FZ(3) = 2
FZ(4) = 7 (= neue Projektdauer)

D(1, 2) = 2
D(1, 3) = 2 = MIND (1, 3)

Danach ist (1, 3) auf Minimaldauer verkürzt, und es wird c(1, 3) = ∞ gesetzt.

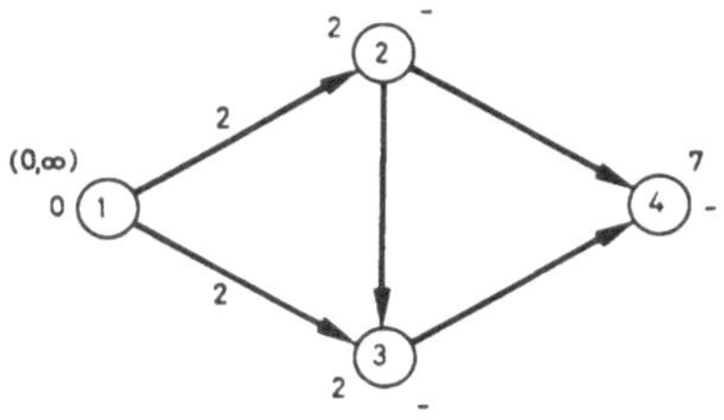

Abb. 62d.

5. Verkürzungsschritt

9. Iteration

Knoten 3 und 2 können jetzt markiert werden, da c(1, 3) = ∞ gesetzt wurde. Knoten 2 wird durch Rückwärtsmarkierung erreicht.

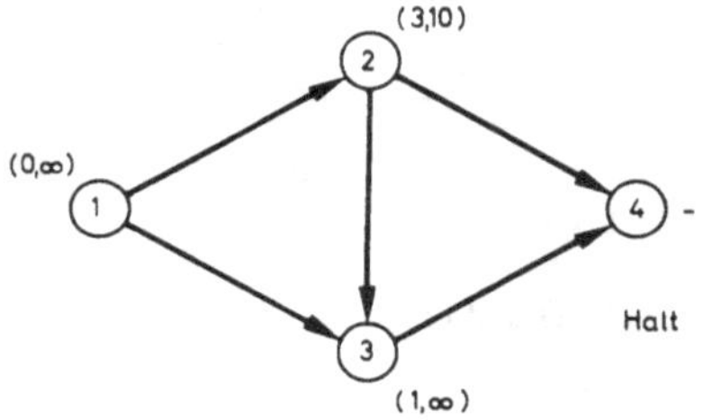

Abb. 62e.

Markierungsphase 1a: Knoten 1 und 3 erhalten die Marken M(1) = (0, ∞) und M(3) = (1, ∞). Knoten 2 kann nicht markiert werden, da Rückwärtsmarkierung in dieser Phase nicht zugelassen,

→ weitere Verkürzung möglich.

Markierungsphase 1b: Knoten 2 kann von 1 aus nicht markiert werden, da maximaler Fluß in (1, 2) erreicht. Markierung von 3 aus → Rückwärtsmarkierung. Dabei wird dem Kostenfaktor c(2, 3) der ursprüngliche Wert 10 zugewiesen, da ein Vorgang, der einen entgegengerichteten Kostenstrom aufnimmt, in der Verkürzungsphase verlängert wird.

Wegen des Halt bleibt der Kostenstrom für den 5. Verkürzungsschritt unverändert:

$$s = 40/ZE$$

Optimale Schnittmenge: (3, 4) und (2, 4)

Pufferzeiten der Elemente von A:

$$\text{pmin}(2, 4) = 3 \rightarrow \delta = 3 \text{ ZE}$$
$$\text{pmin}(3, 4) = 4$$

Verkürzung von FZ(4) sowie D(2, 4) und D(3, 4) um δ = 1 ZE:

FZ(4) = 4 (= neue Projektdauer)
D(2, 4) = 2 = MIND(2, 4)
D(3, 4) = 2

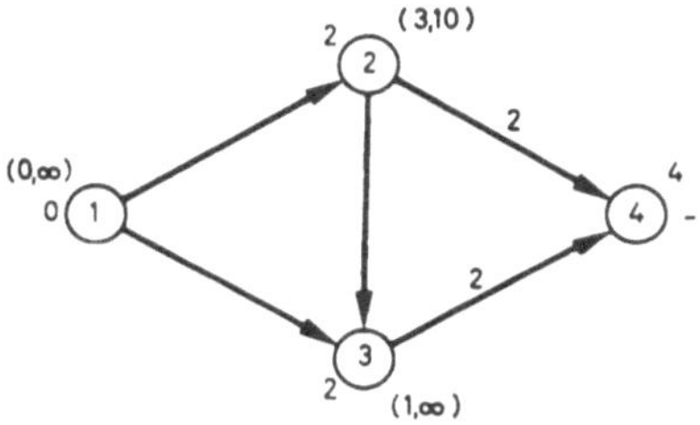

Abb. 62f.

Danach ist (2, 4) auf Minimaldauer verkürzt, und es wird c(2, 4) = ∞ gesetzt.

6. Verkürzungsschritt

10. Iteration

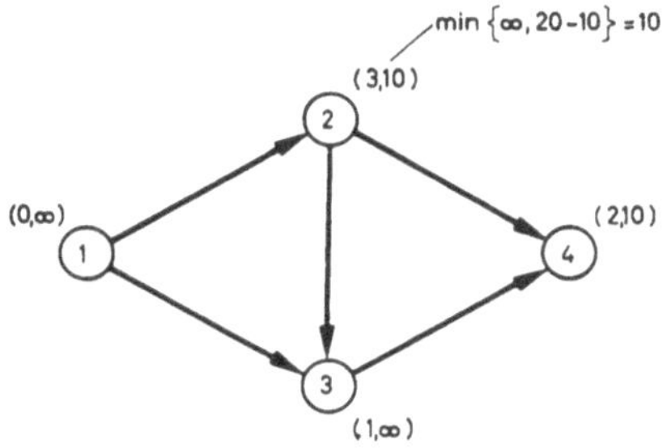

Abb. 62g.

Durchbruch 1–3–2–4
Teilkostenstrom s_5 = 10/ZE

Änderung des Kostenstroms:

f(1, 3) = 20 Erhöhung
f(2, 3) = 10 Verringerung

Löschen der Marken.

11. Iteration

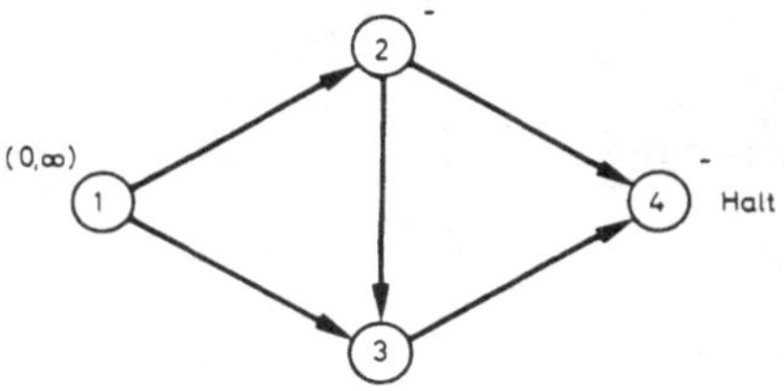

Abb. 62h.

Optimale Schnittmenge: (1, 2) und (3, 4)

Resultierender Kostenstrom $s = \sum_{i=1}^{5} s_i = 50/ZE$

Pufferzeiten der Elemente von A:

pmin (1, 2) = 1 → δ_1 = 1 ZE
pmin (3, 4) = 1

Pufferzeiten des Elements (2, 3) von B:

pn (2, 3) = - 2 → δ_2 = 2 ZE

daraus $\delta = \min \ \delta_1 \ \delta_2 = 1$ ZE

Verkürzung von FZ(2) und FZ(4) sowie D(1, 2) und D(3, 4) um δ = 1 ZE;
anschließend Verlängerung von D(2, 3) ebenfalls um δ = 1 ZE:

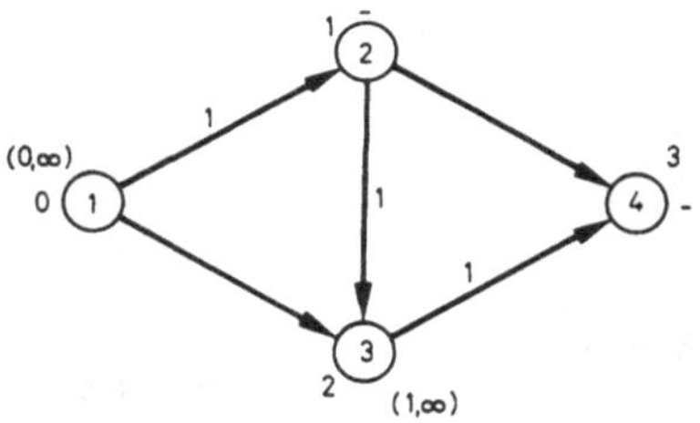

Abb. 62i.

FZ(2) = 1
FZ(4) = 3 (= neue Projektdauer)
D(1, 2) = 1 = MIND (1, 2)
D(3, 4) = 1 = MIND (3, 4)
D(2, 3) = 1 >MIND (2, 3)

Vorgänge (1, 2) und (3, 4) auf Minimaldauer verkürzt
→ $c(1, 2) = c(3, 4) = \infty$.

12. Iteration

Phase 1a
Der Endknoten wird bei der Vorwärtsmarkierung aller Knoten, die über Vorgänge mit Minimaldauer erreicht werden, markiert.

Es ist keine weitere Verkürzung möglich; Ende des Algorithmus.

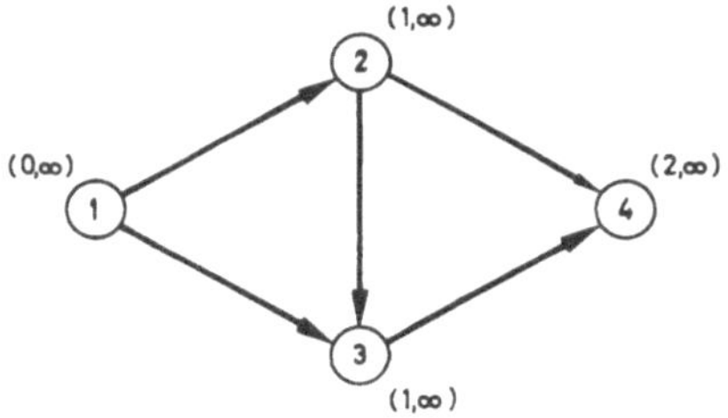

Abb. 62j.

Die Minimaldauer des Projekts beträgt 3 ZE. Dabei sind sämtliche Vorgänge kritisch und mit Ausnahme von Vorgang (2, 3) auf Minimaldauer verkürzt:

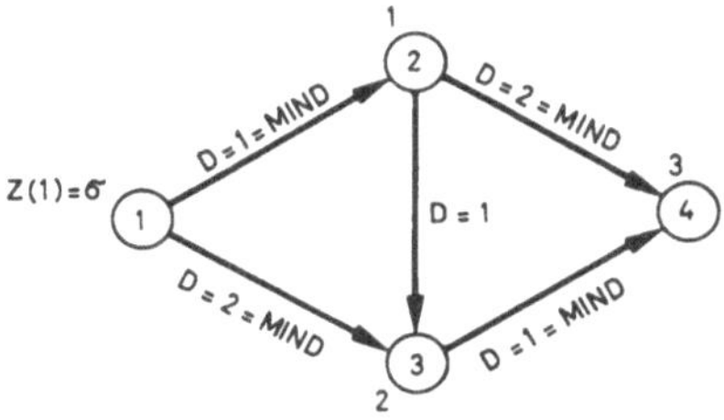

Abb. 62k.

Tabelle: Rechenschritte bei der kostenoptimalen Netzplanverkürzung nach Ford-Fulkerson. Die eingeklammerten Zahlen in Spalte 1 und 2 geben die Reihenfolge an, in der die Zahlenwerte für den ersten Verkürzungsschritt berechnet bzw. übertragen werden.

Verkürzungsschritt	1		2		3		4		5	6		
Phase	1	2	1	2	1	2	1	2	1/2	1	2	1
Iteration	1	2	3	4	5	6	7	8	9	10	11	12
Marke bei Knoten												
1	0,∞	0,∞	0,∞	0,∞	0,∞	0,∞	0,∞	0,∞	0,∞	0,∞	0,∞	0,∞
2	1,30 (3)	1,20 (6)	1,20	1,20	1,20	1,10	1,10	–	3,10	3,10	–	1,∞
3	2,10	–	1,10	–	2,20	2,10	2,10	–	1,∞	1,∞	1,∞	1,∞
4	3,10	–	3,10	–	3,10	–	2,10	–	–	2,10	–	2,∞
f(1, 2)	10	10	10	10	20	20	30	30	30	30	30	30
f(1, 3)	0	0	10	10	10	10	10	10	10	20	20	20
f(2, 3)	10 (4)	10 (7)	10	10	20	20	20	20	20	10	10	10
f(2, 4)	0	0	0	0	0	0	10	10	10	20	20	20
f(3, 4)	10	10	20	20	30	30	30	30	30	30	30	30
FZ (1)	0	0	0	0	0	0	0	0	0	0	0	0
FZ (2)	3 (2)	3 (10)	3	3	3	3	3	2	2	2	1	1
FZ (3)	5	4	4	3	3	3	3	2	2	2	2	2
FZ (4)	11	10	10	9	9	8	8	7	4	4	3	3
D (1, 2)	3	3	3	3	3	3	3	2	2	2	1	1
D (1, 3)	4	4	4	3	3	3	3	2	2	2	2	2
D (2, 3)	2 (1)	1 (11)	1	0	0	0	0	0	0	0	1	1
D (2, 4)	5	5	5	5	5	5	5	5	2	2	2	2
D (3, 4)	6	6	6	6	6	5	5	5	4	4	1	1
Teilkostenstrom s_k	10 (5)		10	–	10	–	10	–	–	10	–	–
result. Kostenstr. s		10 (8)		20	–	30	–	40	40	–	50	–
Beschleunigung δ	–	1 (9)		1	–	1	–	1	3	–	1	–
kumulative Beschleunigungskosten		10 (12)		30	–	60	–	100	220	–	270	–

Die Kurve der zeitabhängigen Projektkosten ist konvex im Bereich zwischen Normal- und Minimaldauer des Projekts:

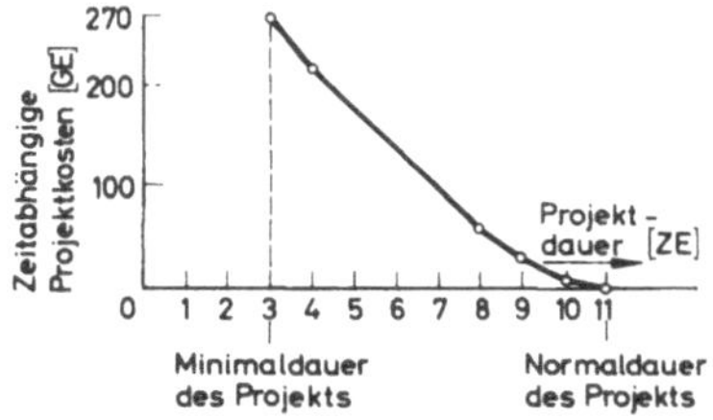

Abb. 63.

5. Sonderprobleme der Netzplantechnik

5.1 Mehrstufige Netzpläne und Multiprojektplanung

Bis jetzt wurden nur in sich abgeschlossene Projekte betrachtet, für die jeweils eine Netzplanart benutzt wurde, und die keinerlei Beziehungen zu anderen Projekten hatten.

Die homogene und isolierte Betrachtungsweise kann in zwei Richtungen aufgelöst werden:

1. Bei der Auflösung des Gesamtnetzplans in Einzelnetzpläne von Teilprojekten.
2. In Fällen, in denen an sich isolierte Projekte die gleichen Betriebsmittel benötigen und dadurch zu einer simultanen Betrachtung mehrerer Projekte zwingen.

Im ersten Fall kommt man zu mehrstufigen Netzplänen, im zweiten Fall spricht man von Multiprojektplanung.

5.1.1 Mehrstufige Netzpläne

Ist ein Netzplan zu groß und erscheint es aus bestimmten Gründen unerwünscht, die einzelnen Vorgänge neu zu definieren (Gruppen davon zu einem Vorgang zusammenzufassen), so kann man einen Gesamtnetzplan in mehrere Teilnetzpläne zerlegen. Bei einer solchen Zerlegung entstehen besonders ausgezeichnete Knoten, die oft als „Gelenkknoten" bezeichnet werden.

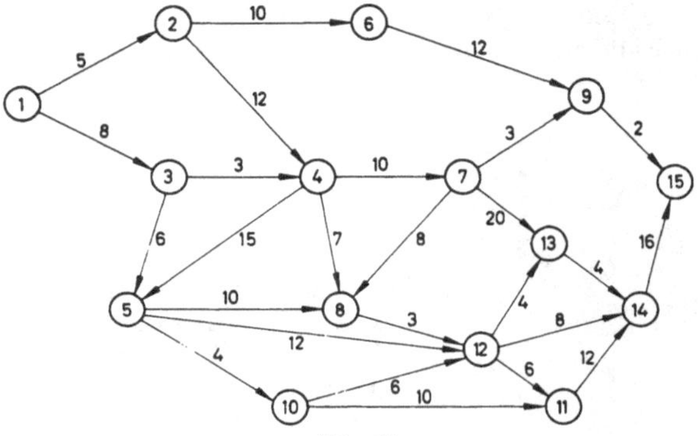

Abb. 64.

So läßt sich z. B. das oben gezeigte Netz wie in der folgenden Abbildung gezeigt, in mehrere Teilnetze zerlegen:

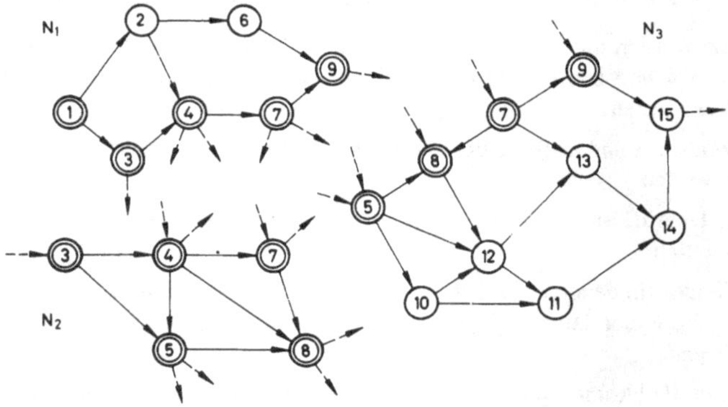

Abb. 65.

Bei den Gelenkknoten kann zwischen Eingangsknoten (eingehende Pfeile von anderen Teilnetzen) und Ausgangsknoten (ausgehende Pfeile) unterschieden werden.

Die einzelnen Teilnetze können nun (in ihrer Größe) reduziert werden. Hierzu sind in jedem Teilnetz die längsten Wege von jedem Eingangs- zu jedem Ausgangsknoten zu bestimmen. Diese Wege können dann anstelle des Teilnetzes treten.

Die Zahl der "Ersatzpfeile", d. h. der Pfeile, die die Teilnetze ersetzen können, wächst sehr rasch mit der Zahl der Eingangs- und Ausgangsknoten. Will man einen Netzplan verkleinern, ist es daher am ratsamsten, stark vermaschte Teilnetze durch Ersatzpfeile zu ersetzen. Dies kann auch deutlich aus folgender Abbildung ersehen werden, in der die Teilnetze der Abbildung S. 100 zunächst reduziert und anschließend im Gesamtnetz durch entsprechende Ersatzpfeile ersetzt wurden.

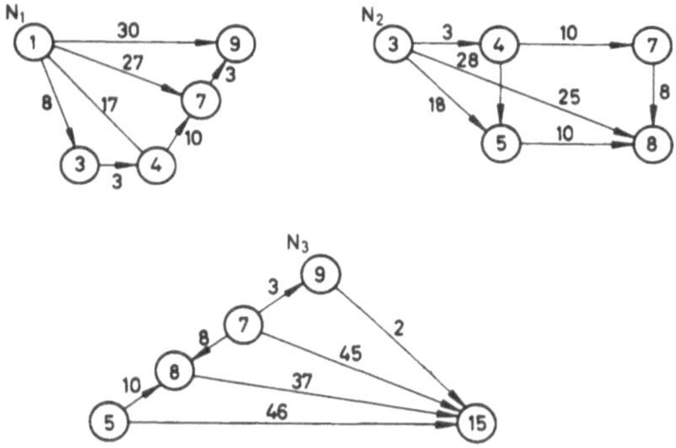

Abb. 66. Reduzierte Teilnetze

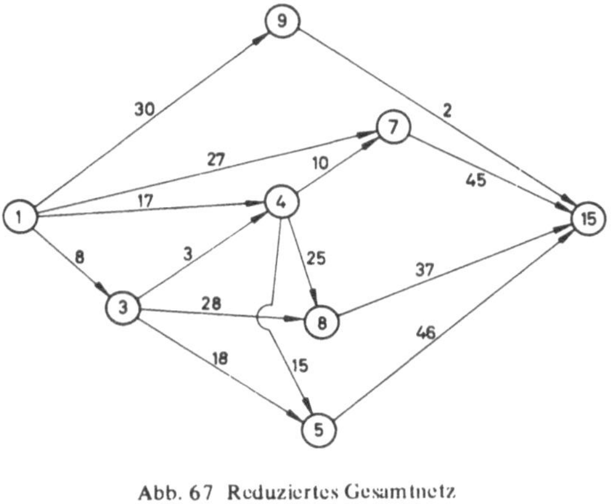

Abb. 67 Reduziertes Gesamtnetz

Es ist dabei jedoch zu beachten, daß die Verbindungen zweier Gelenkknoten in den verschiedenen Teilnetzen verschieden lang sein können. In diesen Fällen hat der Ersatzvorgang die jeweils größere Zeit anzunehmen. Die Zeitrechnung im reduzierten Gesamtnetz erfolgt nach den üblichen Methoden.

Die beschriebene Art der Zusammensetzung von "reduzierten" Teilnetzen zu größeren Rahmennetzen kann auch dazu benutzt werden, Netzpläne hierarchisch aufzubauen. Es ist hierbei zulässig und sinnvoll auf den einzelnen Stufen verschiedene Netzplantechniken oder Orientierungen zu verwenden.

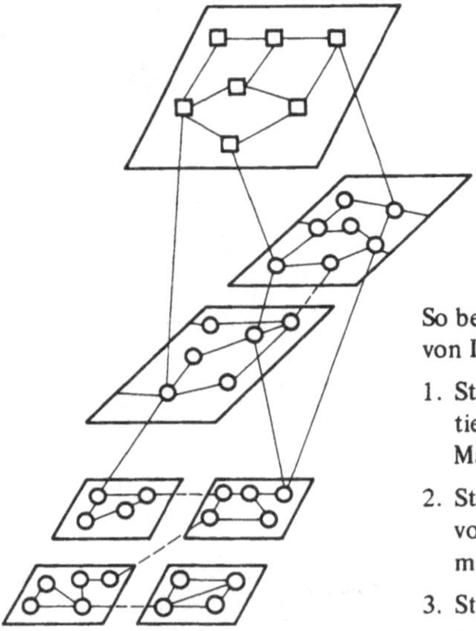

Abb. 68.

So benutzt das PERT/COST II Programm von IBM z. B. folgende Gliederung:

1. Stufe Rahmenplan, ereignisorientiert, Differenzierung: grob (Top Management)
2. Stufe, ereignisorientiert und/oder vorgangsorientiert, Differenzierung: mittel (Firmengliederung)
3. Stufe, Detailebene, tätigkeitsorientiert, Differenzierung: fein (Basis Netzpläne)

Es lassen sich bis zu 100 Teilnetze mit je 750 Tätigkeiten, 100 Start-, End- und Anschlußereignissen, 900 Kosten- und Kapazitätszuordnungen aufstellen. Diese können untereinander verknüpft sein, so daß sich Netzpläne mit 75 000 Tätigkeiten berechnen lassen. *Im Zeitteil* des PERT/COST II Programmes werden für jede Tätigkeit die frühesten und spätesten Anfangs- und Endtermine, sowie primäre und sekundäre Pufferzeiten ermittelt. Die Ergebnisse werden zu Berichten über die Teilnetze und das Gesamtnetz zusammengefaßt.

5.1.2 Multiprojektplanung

Bestehen zwischen verschiedenen Projekten Verbindungen lediglich aufgrund gemeinsam benutzter Betriebsmittel, so müssen diese Zusammenhänge immer dann berücksichtigt werden, wenn im Rahmen der benutzten Netzplantechniken die Berücksichtigung von Kapazitätsgrenzen vorgesehen ist.

Bei einigen der angebotenen Rechnerprogramme (siehe Tabelle am Ende dieses Kapitels) ist die Möglichkeit der Multiprojektplanung vorgesehen. Diese Programme sind allerdings gewöhnlich in ihrem Umfang recht beschränkt, da bei der gleichzeitigen Berücksichtigung der Betriebsmittelansprüche vieler Projekte sehr umfangreiche und recht komplizierte Rechnungen durchzuführen sind. So können z. B. bei dem von der Firma CEIR, Inc. entwickelten Programm RAMPS simultan 6 Projekte mit insgesamt 700 Tätigkeiten und 60 verschiedenen Produktionsfaktoren bearbeitet werden. Das Programm stellt den sogenannten Arbeitsbetrag (amount of work) in den Mittelpunkt der Betrachtung:

$$\text{Arbeitsbetrag} = \text{Faktoreinsatzmenge} \times \text{Dauer}$$

Pro Tätigkeit können drei Varianten (resource utilization rates) vorgegeben werden,

z. B.:

$$\text{Arbeitsbetrag } 30 \begin{cases} 7 \text{ für beschleunigten} \\ 5 \text{ für normalen} \\ 2 \text{ für verlangsamten} \end{cases} \text{Ablauf} \qquad (\text{Einsatzmenge} =)$$

d. h., jede Tätigkeit kann unter Berücksichtigung von quantitativen, qualitativen und intensitätsmäßigen Anpassungsmöglichkeiten behandelt werden.

Bei RAMPS ist das sogenannte resource teaming möglich, d. h., z. B. bei der Einplanung von Malerarbeiten können folgende Produktionsverfahren gemeinsam behandelt werden: Facharbeiter, Hilfsarbeiter, Farbstoffe und Spritzapparate. Der am längsten zum Einsatz gelangende oder kritische Produktionsfaktor wird als Leitfaktor (lead resource) bezeichnet und den "Mitläufern" gegenübergestellt. Primär wird für die Berechnung (z. B. Terminberechnung) der Leitfaktor herangezogen, die Pläne für die Mitläufer ergeben sich als Nebenresultat.

Die RAMPS-Algorithmen werden weitgehend geheimgehalten. Firmeneigenen Beschreibungen kann jedoch entnommen werden, daß zunächst die kritischen Tätigkeiten und anschließend die nach der freiverfügbaren Pufferzeit geordneten nicht kritischen Tätigkeiten zur Neueinplanung ausgesucht werden, wobei hauptsächlich die Zahl der unmittelbaren Folgetätigkeiten als Präferenzkriterium gilt. Ein zur Tätigkeitsbündelung entwickeltes Gewichtungssystem (control factors) bewirkt, daß begonnene Tätigkeiten möglichst nicht unterbrochen werden, möglichst viele Tätigkeiten zu ihrem frühestmöglichen Beginn eingeplant und die vorhandenen Kapazitäten jederzeit möglichst vollständig ausgenutzt werden. Die Ausführungsgeschwindigkeiten der einzelnen Tätigkeiten werden nicht durchweg konstant gehalten, sondern, um möglichst kapazitätskonforme Ablaufpläne zu erhalten, automatisch variiert.

Eingabedaten

je Projekt : Frühester Starttermin, gewünschtes Abschlußdatum, Konventionalstrafe bei Terminüberschreitung.

je Tätigkeit : Erforderlicher Arbeitsbetrag, Produktionsmittel bei beschleunigtem, normalem und verlangsamtem Ablauf.

je Kapazitätskategorie : Verfügbare Kapazität pro Periode, Normalkosten je Einheit, Mehrkosten für eine Einheit Zusatzkapazität.

Steuerungsdaten : Gewichtungsfaktoren (Prioritäten).

Ausgabedaten

Terminplan je Projekt : Beginntermin, Abschlußtermin, Kosten, evtl. Konventionalstrafe.

je Tätigkeit : Beginndatum, Abschlußdatum, zugeteilte Produktionsmittel, gesamte Kosten.

Kapazitätsbedarfsübersicht je Kategorie:

Bedarf pro Gesamtprojekt und pro Periode, die Höhe des Einsatzes, nicht eingesetzte Kapazität, benötigte Zusatzkapazität, Kosten.

Ein weiteres Multiprojektprogramm ist das Programm SPAR (Scheduling Program for Allocation of Resources), dessen Aufbau dem von RAMPS ähnelt.

5.2 Meilensteine und zugewiesene Pufferzeiten

Bisher ergaben sich die frühesten und spätesten Zeiten sowohl der Vorgänge als auch der Ereignisse durch die gewöhnlich benutzten Vor- und Rückwärtsrechnungen. Die dadurch erhaltenen Zeiten haben zwei wesentliche Nachteile:

1. Sie erlauben nicht ohne weiteres die Festlegung von Fixabständen einzelner Ereignisse vom Anfang oder Ende des Projektes.

2. Die aufgrund der normalen frühesten und spätesten Zeiten errechneten Pufferzeiten eignen sich nicht als Steuer- oder Kontrollgrößen.

Diese beiden Schwächen elementarer Netzplantechnik versucht man durch die Einführung sogenannter "Meilensteine" und durch die Zuweisung auf andere Weise errechneter Pufferzeiten zu beheben.

5.2.1 Die Einführung von Meilensteinen

Meilensteine (milestones) können z. B. Anschluß- oder Verbindungsknoten von Teilnetzplänen sein (ein Projekt, mehrere Firmen). Diese Fixtermine müssen nicht unbedingt auf dem ursprünglichen kritischen Weg liegen. Um ein Meilensteinereignis M im Netzplan zeitlich fest zu verankern, werden zwei zusätzliche Vorgänge (Start–M, M–Ende) eingeführt. Dadurch entsteht ein neuer kritischer Weg. *Z.B.:*

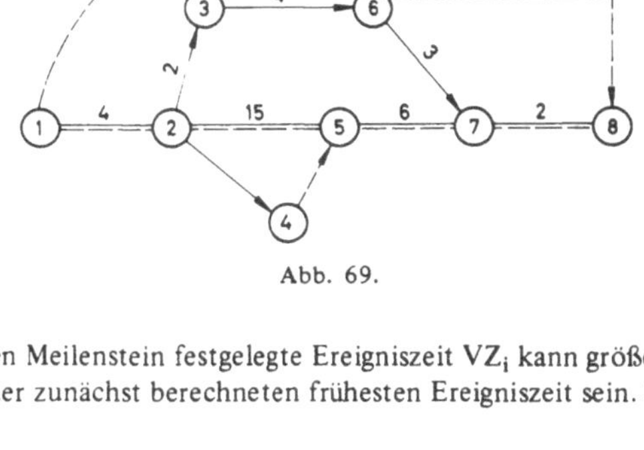

Abb. 69.

Die durch den Meilenstein festgelegte Ereigniszeit VZ_i kann größer, kleiner oder gleich der zunächst berechneten frühesten Ereigniszeit sein. Hieraus ergeben sich verschiedene Vorgehensweisen bei der Einführung von Meilensteinen:

1. Fall: $VZ_6 = FZ_6$

   In diesem Fall ist lediglich sicherzustellen, daß sich die Zeit von Ereignis 6 nicht "verschiebt". Die Vorgangsdauern von A und B werden gleich den gewünschten Abständen des Ereignisses 6 von Projektanfang- bzw. -ende gesetzt. Dadurch wird das Ereignis 6 zum kritischen Ereignis. In unserem Beispiel: Dauer von A = 10, Dauer von B = 17. Dadurch entstehen in diesem Fall zwei neue kritische Wege: 1–2–3–6–8 und 1–6–8.

2. Fall: $VZ_6 < FZ_6$

   Hier ist der Weg 1–2–3–6 länger als der neue Pfad 1–6 und auf dem ersten Pfad muß verkürzt werden.

3. Fall: $VZ_6 > FZ_6$

   Hier ergeben sich keine dispositiven Schwierigkeiten. Zur Sicherung kann evtl. eine Verkürzung des Weges 6–7–8 erfolgen.

5.2.2 Die Zuweisung von korrigierten Pufferzeiten

Wir wollen die Problematik der Pufferzeiten an einem Beispiel demonstrieren.

Betrachten wir den Vorgang 8–9: Bei einer Vorgangsdauer von 3 ZE hat er einen (normal errechneten) Puffer von 5 ZE. Vergleichen wir damit Vorgang 1–2: Bei einer Vorgangsdauer von 5 ZE hat dieser Vorgang nur eine Gesamtpufferzeit von 4 ZE. Das Verhältnis von Vorgangsdauer zu Pufferzeit variiert also wesentlich.

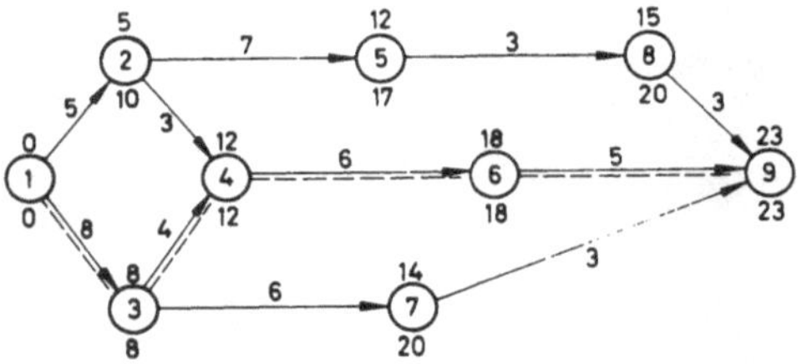

Abb. 70.

Tät:	Dauer	frühest. Anfang	spätest. Anfang	frühest. Ende	spätest. Ende	Gesamt-puffer	freier Puffer	Puffer-gewichts-zahl	neu zugeteilte Pufferzeit
i - j	D_{i-j}	FAZ_{ij}	SAZ_{ij}	FEZ_{ij}	SEZ_{ij}	GP_{ij}	FP_{ij}	W_{i-j}	P_{i-j}
1–2	5	0	4	5	9	4	0	1	0,3
1–3	8	0	0	8	8	0	0	1	0
2–4	3	5	9	8	12	4	4	2	3,7
2–5	7	5	10	12	17	5	0	1	3,7
3–4	4	8	8	12	12	0	0	2	0
3–7	6	8	14	14	20	6	0	3	2,3
4–6	6	12	12	18	18	0	0	1	0
5–8	3	12	17	15	20	5	0	1	0,8
6–9	5	18	18	23	23	0	0	1	0
7–9	3	14	20	17	23	6	6	3	3,7
8–9	3	15	20	18	23	5	5	2	0,2

Die laut Berechnung vorzugebenden Zeitpunkte für das Eintreten der Knotenereignisse sind dann:

i	1	2	3	4	5	6	7	8	9
z_i	0	5,3	8	12	16	18	16,3	19,8	23

Im Gegensatz zum mehr oder weniger zufälligen Vorgangspuffer ist eine sinnvolle Größe der sogenannten Pfadpuffer, d. h. die Differenz zwischen den Längen nicht kritischer Pfade und den entsprechenden Längen der kritischen Pfade. Vergleichen wir z. B. den (nicht kritischen) Pfad 3–7–9 mit dem entsprechenden "kritischen Stück" 3–4–6–9: Die zeitliche Längendifferenz beträgt 15 - 9 = 6 ZE und dies ist tatsächlich die Größe um die sich der Pfad 3–7–9 verlängern kann, ehe er kritisch wird.

Um nun die Vorgangspuffer als Steuerungsinstrument benutzen zu können, versucht man, die Pfadpuffer, die gleich der Summe der freien Vorgangspuffer auf dem entsprechenden Pfad sind, in sinnvoller Weise auf die Vorgänge dieser

Pfade aufzuteilen. Man geht dabei davon aus, daß einem Vorgang umso mehr Pufferzeit zugewiesen werden sollte,

1. je weniger er technisch beherrscht wird,
2. je länger seine Dauer ist und
3. je mehr Vorgänge ihm noch bis zum Projektende folgen.

Bei einem von der Firma General Electric entwickelten Verfahren[1] werden z.B. folgende Faktoren berücksichtigt:

1. W_{i-j} = Puffergewichtszahl der Tätigkeit i,j, mit der die Unsicherheit der Angabe der Tätigkeitsdauer $D_{i,j}$ bewertet wird.
2. G_j = eine aus der Puffergewichtszahl zu berechnende Wertezahl, die den Pufferbedarf des restlichen noch hinter j liegenden Weges zum Zielereignis berücksichtigt. Sie wächst mit der Entfernung von Projektende n.
3. H_j = $\max_i (W_{i,j})$, d.h., die größte Puffergewichtszahl aller in einem Knoten j einmündenden Vorgänge.

Vorgehensweise: Für jeden Vorgang werden vom erfahrenen Planer die Puffergewichtszahlen (z. B. von 0 bis 9) festgelegt. Scheinvorgänge erhalten: $W_{i,j} = 0$. Puffergewichtszahlen geben also an, mit welchem Vorrang die einzelnen Tätigkeiten mit Pufferanteilen bedacht werden sollte. Je größer die Unsicherheit bei der Zeitschätzung, desto größer die Wertezahl.

Mit Hilfe der Puffergewichtszahl werden die beiden Wertzahlen G_j und H_j berechnet und damit der neue Endzeitpunkt für jede Tätigkeit bestimmt, was der Zuteilung einer festen Pufferzeit zu jedem Vorgang entspricht. Damit werden die Verschiebungsmöglichkeiten von Anfangs- und Endzeitpunkten gelöscht.

GE gibt folgende Formel für die Berechnung des neuen Vorgangsendzeitpunktes unter Berücksichtigung des Pufferanteiles an:

$$Z_j = \max \frac{(Z_i + D_{i,j}) \times G_j + SZ_j \times H_j}{G_j + H_j}$$

Z_i = errechneter Zeitpunkt für Ereignis i = Anfangszeit $A_{i,j}$ für Vorgang i,j

$D_{i,j}$ = Dauer des Vorganges i,j

SZ_j = spätest erlaubte Zeit für Ereignis j = $SE_{i,j}$

[1] General Electric Computer Dpt: GE-225 application – critical path method program Phoenix 1962, zitiert nach Thumb, a.a.O., S. 122

Daraus Berechnung der den Vorgängen *zugeteilten* festen Pufferzeit:

$$P_{i,j} = Z_j - (Z_i + D_{i,j})$$

Die Berechnung im einzelnen läuft dann wie folgt:

Zuerst werden die G_j-Werte berechnet. Man beginnt beim Zielereignis $G_n = G_g = 1$. In einer Rückwärtsrechnung werden zu dem schon bekannten G_j die Puffergewichtszahlen $W_{i,j}$ des entsprechenden Vorganges hinzugezählt. Bei mehreren abgehenden Tätigkeiten ist die größte Summe zu wählen.

Berechnung mit Hilfe einer Matrix:

		$W_{i,j}$ für j =								
		1	2	3	4	5	6	7	8	9
i =	1		1	1						
	2				2	1				
	3				2			3		
	4						1			
	5								1	
	6									1
	7									3
	8									2
	9									
	G_j	8	5	7	3	4	2	4	3	1
	H_j	0	1	1	2	1	1	3	1	3

Abb. 71.

Regel für G_j: Für Knoten j = x gehe in der Matrix von der Zeile i = x aus und berechne für jedes Glied dieser Zeile spaltenweise die Summe $W_{i,x} + G_x$: die größte Summe ist das gesuchte G_j.

Regel für H_j: Suche in der Spalte j den größten Wert max $W_{x,j}$ = gesuchter Wert H_j.

Anschließend werden nach den angegebenen Formeln die Z_j und $P_{i,j}$ berechnet. Die berechneten Werte sind zum Vergleich mit den ursprünglichen Werten in die Ausgangstabelle (Seite 107) eingetragen.

Zusammenfassend kann der Verlauf einer Netzplananalyse, die die Stufen Strukturanalyse, Zeit-, Kosten- und Kapazitätsanalyse enthält, in der Form eines Ablaufdiagrammes wie folgt dargestellt werden:

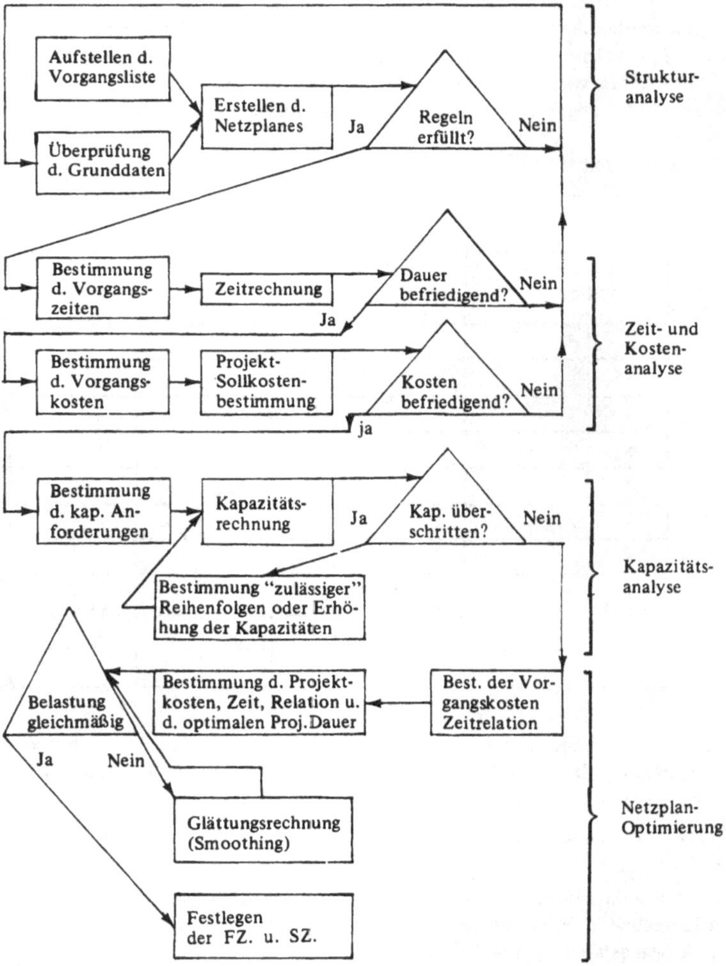

5.3 Automatische Erstellung von Netzplänen

Werden Netzpläne mit Hilfe von EDV-Anlagen analysiert, so könnte man den Arbeitsablauf schematisch wie folgt darstellen:

Abb. 72.

Die sehr umfangreichen Phasen A und B müssen gewöhnlich manuell durchgeführt werden, was – vor allem bei umfangreichem Änderungsdienst – äußerst zeitaufwendig und teuer sein kann.

Man versucht daher, diese Phasen wenigstens teilweise auf EDV-Anlagen zu übertragen.

Im Rahmen des Blockes A werden im wesentlichen folgende Funktionen erfüllt:

1. Sammeln und Sortieren von Informationen
2. Übertragung der Informationen in neue Formate
3. Vervielfältigung der Information für verschiedene Benutzer
4. Überprüfung der Information auf logische Verträglichkeit.

An einigen Stellen (so z.B. der University of Oregon) hat man erfolgreich versucht, Teile dieser größtenteils oft wiederkehrenden Routinearbeit in EDV-Programme zu übertragen. Hierdurch werden die Blöcke A und B wie folgt aufgelöst: (Beispiel: Produkt-Neuentwicklung).

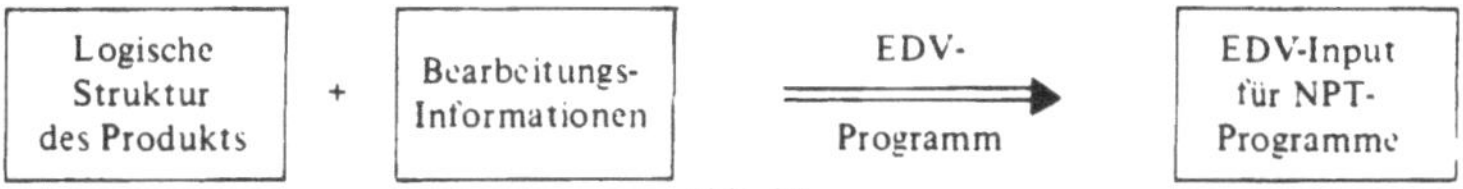

Abb. 73.

Aufgrund der auf diese Weise erhaltenen Eingabebelege (bereits auf EDV-gerechten Medien) wird dann die restliche Analyse durchgeführt.

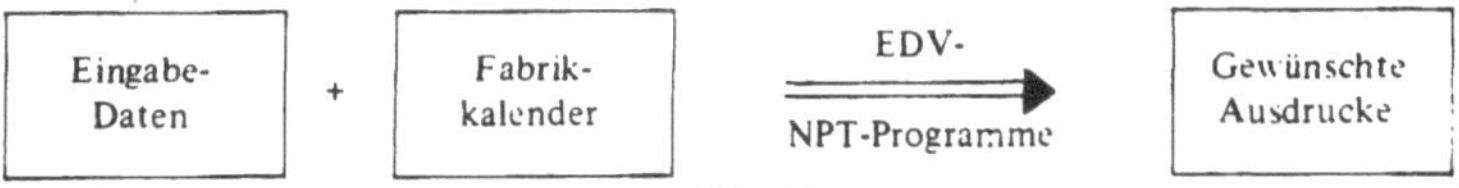

Abb. 74.

Diese Form der Netzplanerstellung ist bis jetzt nur möglich, wenn das zu planende Objekt relativ gut grob strukturiert ist. Sie ist zum Beispiel ideal für die Planung von Produkt-Neuentwicklungen u. ä. geeignet. Sie wirkt sich dann besonders günstig auf die Berücksichtigung der sehr häufigen Änderungen aus, die gewöhnlich in den ersten Stufen der Produktentwicklung auftreten.

5.4 Entscheidungsnetzpläne

5.4.1 Einleitung

Die Anwendung der konventionellen Netzplanverfahren stößt überall dort auf Schwierigkeiten, wo es um die Untersuchung, Planung und Analyse von Prozessen geht, die in ihrer Struktur nicht streng determiniert sind, d. h. sobald die im Verlauf eines Prozesses eintretenden Ereignisse und auszuführenden Tätigkeiten bezüglich ihrer Realisation ungewiß sind, können die Verfahren CPM, PERT, MPM etc. nicht mehr eingesetzt werden.

Als typisches Beispiel läßt sich hier die Planung von Forschungsprojekten anführen. Geht man z. B. davon aus, daß seitens der Unternehmensleitung oder eines anderen Auftraggebers der Wunsch zur Entwicklung eines neuen Verfahrens oder Produktes vorliege, so ist hierdurch zwar eine Aufgabenstellung vorgegeben mit dem Ziel, ein in seinen Eigenschaften mehr oder weniger definiertes Ergebnis hervorzubringen, unbekannt jedoch ist, welcher von mehreren alternativen Lösungswegen zu dem avisierten Ziel führt.

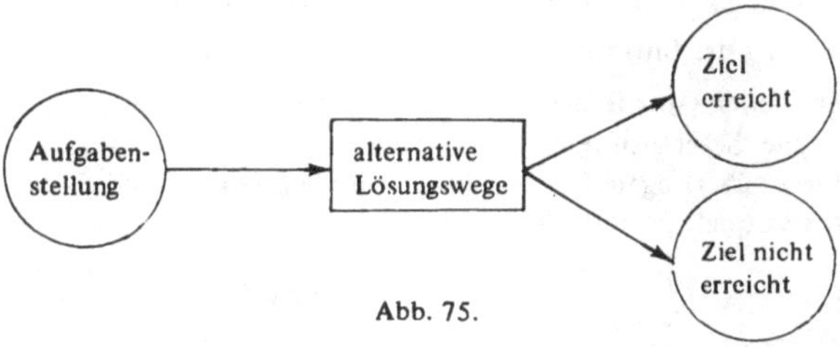

Abb. 75.

Das für solche Probleme charakteristische Moment der Unsicherheit läßt sich wie folgt formulieren:

1. Kann das angestrebte Ziel überhaupt erreicht werden, bzw. wie groß ist die Erfolgswahrscheinlichkeit?
2. Auf welchen der alternativ zur Verfügung stehenden Wegen ist das Ziel realisierbar?
3. Wieviel Zeit bzw. Kosten erfordert der Projektablauf?

5.4.2 Stochastische Netzwerkverfahren

Die Knoten der deterministischen Netzwerkverfahren repräsentieren eine konjunktive Anordnungsbeziehung, d. h. jedes durch einen Knoten dargestellte Ereignis tritt erst in dem Moment ein, in dem alle in den Knoten mündenden Kanten abgeschlossen sind. Die gleiche Bedingung gilt für die Knotenausgänge, d. h. alle von einem Knoten wegführenden Kanten *müssen* realisiert werden. Die Entwicklung stochastischer Netzwerkmethoden ist dadurch gekennzeichnet, daß diese starre Struktur von konjunktiven, deterministischen Knotentypen nach und nach aufgelockert wurde.

5.4.2.1 Das Verfahren von Eisner (decision boxes)

Das von Eisner vorgeschlagene Verfahren stellt den ersten Schritt dar zur Erlangung größerer Flexibilität bei der Netzwerkplanung. Wie bereits erwähnt, veranlaßte ihn die Unzulänglichkeit von PERT bei der Anwendung auf Probleme der Forschungsplanung, nach neuen Wegen zu suchen, um den Unsicherheitsfaktor berücksichtigen zu können.

Das von Eisner vorgeschlagene Konzept besteht darin, daß er in das Netzwerk Entscheidungsblöcke einführt, an denen Verzweigungen zugelassen sind, d. h. er variiert den Knotenausgang, indem die wegführenden Kanten entweder disjunktiv oder konjunktiv sein können. Einer disjunktiven Verzweigung entspricht in der formalen Logik ein EXKLUSIVES-ODER, einer konjunktiven Verzweigung ein UND. Während bislang für jede Alternative ein separates Netzwerk erforderlich war, kann durch die Einführung dieser Entscheidungsblöcke der gesamte Ablauf in einem einzigen Netz dargestellt werden, das alle alternativen Endereignisse und deren zulässige Kombinationen aufzeigt. Die Bedeutung dieses Verfahrens im Hinblick auf die praktische Anwendbarkeit und Auswertung von Netzwerken ist sehr gering.

5.4.2.2 Generalized Activity Networks

Durch die soeben beschriebenen Entscheidungsblöcke besteht die Möglichkeit, daß *nach* dem Eintreten eines Knotenereignisses alternative Wege realisiert werden. Um einen zufallsbedingten Prozeß darstellen und analysieren zu können, ist es jedoch in vielen Fällen erforderlich, einen zusätzlichen Freiheitsgrad in Form alternativer, d. h. disjunktiver Knoten*eingänge* zuzulassen. Diese Möglichkeit bietet das von Elmaghraby entwickelte Verfahren der "Generalized

Activity Networks" (GAN), bei dem jeder Knoten in eine Eingangs- und Ausgangsseite aufgespalten wird, wobei folgende logische Knotentypen verwendet werden:

1. Eingangsseite: EXKLUSIVES-ODER
   INKLUSIVES-ODER
   UND

2. Ausgangsseite: STOCHASTISCH
   DETERMINISTISCH

Das im nächsten Kapitel zu behandelnde Verfahren GERT baut auf den Ergebnissen von Elmaghraby auf, ist jedoch wesentlich allgemeiner und flexibler. Aus diesem Grund soll hier nur kurz auf einige Eigenschaften von GAN eingegangen werden. Neben dem Vorteil alternativer Knoteneingänge bietet dieses Verfahren die Möglichkeit, den Kanten eines Netzwerkes nicht nur Wahrscheinlichkeiten für ihre Realisation zuzuordnen, sondern zugleich Parameter zu spezifizieren, die die Aktivitäten näher beschreiben, wie z. B. die zur Ausführung der Aktivität erforderliche Zeit. Ein weiterer Vorteil von GAN besteht darin, daß rekursive Prozesse und damit Rückkoppelungen im Netzwerk erfaßt werden können.

5.4.2.3 GERT: Graphical Evaluation and Review Technique

Das unter 5.4.2.2 genannte Verfahren GAN besitzt den Nachteil, daß als Kantenparameter keine Zufallsvariable, sondern nur derterministische Größen zugelassen sind. Diese Tatsache erweist sich angesichts des Unsicherheitsfaktors als sehr nachteilig bzw. unhaltbar bei der Untersuchung zufallsbedingter Prozesse; wie bekannt, versucht man das Unsicherheitsmoment in der Zeitschätzung bereits bei PERT durch die Verwendung der Beta-Verteilung zu erfassen. Die hier zu beschreibende, von Pritsker und Happ entwickelte Methode GERT ermöglicht es, stochastische Prozesse durch ein Netzwerk zu erfassen, das aus logischen Knotenelementen und Kanten besteht, die durch mehrere Zufallsvariable charakterisiert sind.

a) *Knoten eines GERT Netzwerkes*

Jeder Knoten in einem GERT-Netzwerk setzt sich aus einem Eingangs- und Ausgangselement zusammen. Auf der Eingangsseite sind drei auf der Ausgangsseite zwei logische Operatoren zugelassen. Aus der Kombination dieser Eingangs- und Ausgangselemente ergeben sich die in folgender Abbildung dargestellten 6 logischen Knotentypen.

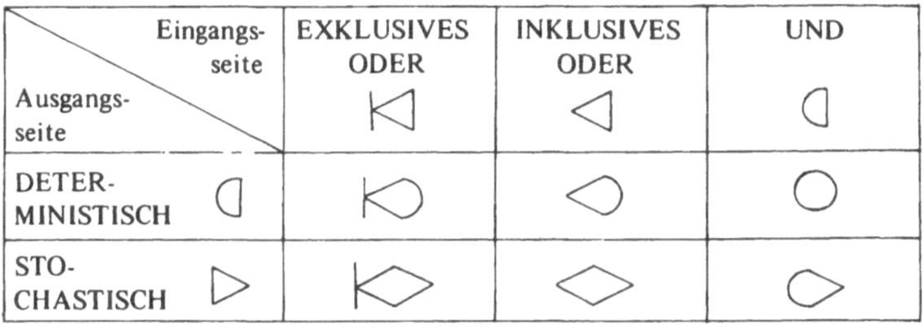

Abb. 76.

EXKLUSIVES ODER: Jede auf den Knoten zulaufende Aktivität kann die Realisierung des Knotenereignisses bewirken. Jedoch kann zu einem bestimmten Zeitpunkt jeweils nur eine Kante eintreffen und das Knotenereignis auslösen.

INKLUSIVES ODER: Jede auf den Knoten zulaufende Aktivität kann zur Realisierung des Knotenereignisses führen. Ausgelöst wird das Ereignis durch die zuerst eintreffende Aktivität.

UND: Das Knotenereignis tritt erst dann ein, wenn alle Aktivitäten, die durch die einlaufenden Kanten repräsentiert werden, ausgeführt sind.

DETERMINISTISCH: Alle von einem Knoten wegführenden Aktivitäten müssen ausgeführt werden, nachdem das Knotenereignis eingetreten ist, d. h. jede dieser Aktivitäten besitzt einen Wahrscheinlichkeitsparameter von $p = 1{,}0$.

STOCHASTISCH: Nachdem das Knotenereignis eingetreten ist, wird nur eine der wegführenden Kanten ausgeführt.

Schon anhand dieser verschiedenen Knotentypen läßt sich die größere Flexibilität von GERT erkennen; wie man sieht, ergibt sich ein PERT Netzwerk als Sonderfall des hier beschriebenen Verfahrens, in dem alle Knoten vom Typ UND-DETERMINISTISCH sind.

b) *Kanten eines GERT-Netzwerkes*

Die Knoten werden durch gerichtete Kanten (Aktivitäten) miteinander verbunden. Diese Kanten sind im allgemeinen durch zwei Parameter charakterisiert:

1. Der Parameter p gibt an, wie groß – unter der Voraussetzung, daß das vorhergehende Knotenereignis eingetreten ist – die Wahrscheinlichkeit für die Ausführung der Aktivität ist,
2. Der Parameter t gibt für den Fall der Ausführung die erforderliche Zeit an. Dieser Zeitparameter kann eine Zufallsvariable sein.

c) *Quantitative Analyse*

Die Analyse eines stochastischen Netzwerkes bezieht sich ausschließlich auf den Knoten mit EXKLUSIV-ODER-Eingang und STOCHASTISCHEM Ausgang. Dieser Knotentyp ist das am häufigsten auftretende Element in einem stochastischen Netzwerk. Er läßt sich mathematisch wie ein linarer Operator behandeln, ist erforderlich zur Erfassung und Behandlung von Rückkopplungen und kann in ganz bestimmten Fällen die übrigen Knotentypen ersetzen. Soll ein Prozeß untersucht werden, bei dem die Verwendung der übrigen Knotentypen erforderlich ist, so wird ein speziell für GERT entwickeltes Simulationsprogramm benutzt.

Der Vorgang der Analyse eines EXKLUSIV-ODER Netzwerkes vollzieht sich in drei Schritten:

1. Der additive Zeitparameter t einer jeden Aktivität wird mit Hilfe der momenterzeugenden Funktion $M_t(s)$ in eine multiplikative Größe transformiert und mit der Wahrscheinlichkeit p zu einer sogenannten w-Funktion zusammengefaßt:

$$w(s) = p\, M_t(s) \tag{1}$$

Statt des Zeitparameters t kann eine beliebige Größe eingesetzt werden, durch die die Aktivitäten eines Netzwerkes charakterisiert sind. (Z. B. Kosten, Erlöse, etc.). Durch die Anwendung der momenterzeugenden Funktion wird erreicht, daß der Kantenparameter "Zeit", "Kosten" o. ä. eine Zufallsvariable sein kann. Die momenterzeugende Funktion $M_t(s)$ einer Zufallsvariablen t ist definiert als der Erwartungswert von e^{st}; sie liegt für die verschiedensten Verteilungen in tabellarischer Form vor (siehe Tabelle Seite 117).

2. Da der aus Gleichung (1) hervorgegangene Kantenparameter w(s) eine multiplikative Größe darstellt, läßt sich die aus der Flußgraphentheorie bekannte MASON-Formel anwenden, um ein Netzwerk zu reduzieren und eine äquivalente Beziehung zwischen zwei beliebigen Knoten (z. B. Anfangs- und Endereignis) herzustellen:

$$w_{ä}(s) = \frac{\sum\limits_{k} (\text{Pfad i}) \left[1 + \sum\limits_{k} (-1)^k \, (\text{Loops k-ter Ordn. nicht in Pfad i})\right]}{1 + \sum\limits_{k} (-1)^k \, (\text{Loops k-ter Ordnung})} \tag{2}$$

Verteilung		Mittelwert	Moment-erzeugende Funktion
Binominal	$p(x) = \binom{n}{x} p^x q^{n-x}$	$n\,p$	$(pe^s + q)^n$
Exponential	$f(x) = ae^{-ax}$	$\frac{1}{a}$	$(1 - \frac{s}{a})^{-1}$
Gamma	$f(x) = \frac{a}{\Gamma(b)} (ax)^{b-1} e^{ax}$	$\frac{b}{a}$	$(1 - \frac{s}{a})^{-b}$
Geometrisch	$p(x) = pq^{x-1}$	$\frac{1}{p}$	$\frac{pe^s}{1 - qe^s}$
Normal	$f(x) = \frac{1}{\sigma\sqrt{2\pi}}\, e^{-\frac{1}{2}\left(\frac{x-\mu}{\sigma}\right)^2}$	μ	$e^{s\mu + \frac{1}{2}s^2\sigma^2}$
Poisson	$p(x) = \frac{e^{-\lambda}\lambda^x}{x!}$	λ	$e^{\lambda(e^s-1)}$
Gleich	$f(x) = \frac{1}{b - a}$	$\frac{a+b}{2}$	$\frac{e^{sa} - e^{sb}}{(b - a)\,s}$
Konstant	$p(x) = 1$	t	e^{st}

Pfad: Jede Folge von Kanten zwischen dem Anfangs- und Endknoten, bei der die dazwischenliegenden Knoten nur einmal durchlaufen werden.

Loop 1.-ter Ordnung: Jede in sich geschlossene Folge von Kanten, die zum Ausgangsknoten zurückführt und dabei jeden Knoten nur einmal durchläuft.

Loop k.-ter Ordnung: k Loops erster Ordnung, die keinen Knoten gemeinsam haben.

Loop nicht in Pfad i: Loop, der mit dem Pfad i keinen Knoten gemeinsam hat.

Als Beispiel für die Anwendung der Mason-Formel sei das Netzwerk in Abbildung 77 betrachtet, das aus zwei möglichen Endereignissen E und F besteht:

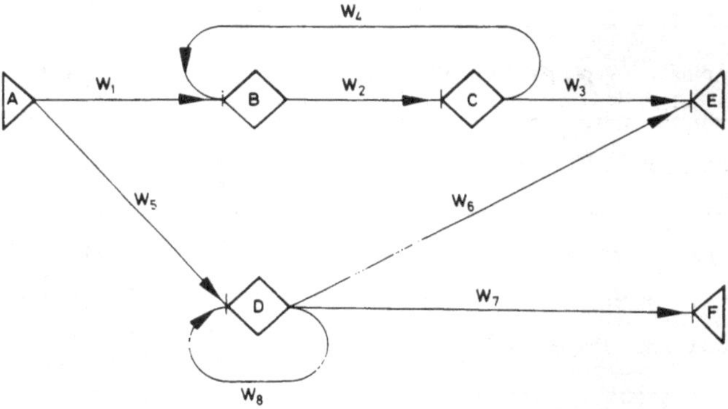

Abb. 77.

Bei der Berechnung der äquivalenten w-Funktion zwischen den Knoten A und E sind im Zähler bzw. Nenner folgende Pfade und Loops zu berücksichtigen:

Zähler
- Pfad 1: $w_1\ w_2\ w_3$. Loop nicht in 1: w_8
- Pfad 1: $w_5\ w_6$ Loop nicht in 2: $w_2\ w_4$

Nenner
- Loops erster Ordnung: w_8 und $w_2\ w_4$
- Loop zweiter Ordnung: $w_8\ w_2\ w_4$

$$w_{\ddot{a}A-E} = \frac{w_1\ w_2\ w_3(1 - w_8) + w_5\ w_6(1 - w_2\ w_4)}{1 - (w_8 + w_2\ w_4) + w_8\ w_2\ w_4}$$

3. Durch Gleichung (2) läßt sich jedes Netzwerk auf zwei Knoten und eine Kante mit dem Parameter $w_{\ddot{a}}(s)$ reduzieren. Diese Größe ist das Produkt aus der äquivalenten Wahrscheinlichkeit und der äquivalenten momenterzeugenden Funktion, die sich aus $w_{\ddot{a}}(s)$ wie folgt berechnen lassen:

$$p_{\ddot{a}} = w_{\ddot{a}}(s)\Big|_{s=0} \qquad (3); \qquad M_{\ddot{a}}(s) = \frac{w_{\ddot{a}}(s)}{p_{\ddot{a}}} \qquad (4)$$

Durch Differentiation der Gleichung (4) und Ermittlung der Ableitung an der Stelle s = 0 lassen sich alle Momente dieser Funktion um den Nullpunkt bestimmen:

$$\left.\frac{d^n M_{ä}(s)}{ds^n}\right|_{s=0} = \text{n-tes Moment} \tag{5}$$

Insbesondere ergibt die erste Ableitung bei s = 0 den Erwartungswert der Zeit für das Eintreten eines Knotenereignisses:

$$\mu = E(t) = \left.\frac{d\, M_{ä}(s)}{ds}\right|_{s=0} \tag{6}$$

Die Varianz für die Zeit ergibt sich aus der Beziehung:

$$\sigma^2 = E(t^2) - (E(t))^2 = \left.\frac{d^2 M_{ä}(s)}{ds^2}\right|_{s=0} - \mu^2 \tag{7}$$

d) *Elementare Bausteine eines Netzwerkes*

Auf der Grundlage der zuvor behandelten Gleichungen (1) bis (7) soll nun die Reduktion der in einem Netzwerk auftretenden Basiselemente (Reihenschaltung, Parallelschaltung und Rückkopplung von Kanten) durchgeführt werden:

α) Reihenschaltung von Kanten

Für das Netzwerk in Abbildung 77. soll eine unmittelbare Beziehung zwischen den Knoten A und E hergestellt werden, d. h. wir wollen wissen, wie groß ist die Wahrscheinlichkeit für das Eintreten des Ereignisses E und wieviel Zeit ist dafür erforderlich.

Die Zeit für die Ausführung der Aktivitäten A–B und B–E sei konstant und habe die Werte t_a bzw. t_b; die Wahrscheinlichkeitsparameter für ihre Realisation seien p_a und p_b.

Abb. 78.

Aus Gleichung (1) erhält man als Kantenparameter die w-Funktionen:

$$w_a(s) = p_a\, e^{st_a} \qquad \text{und} \qquad w_b(s) = p_b\, e^{st_b}$$

Aus Gleichung (2) ergibt sich die äquivalente w-Funktion. Es existiert nur ein Pfad von A nach E, Loops sind nicht vorhanden, d. h.:

$$w_ä(s) = w_a(s)\, w_b(s) = p_a\, p_b e^{s(t_a + t_b)}$$

Die Wahrscheinlichkeit für das Eintreten des Knotenereignisses E und die hierzu benötigte Zeit sind gemäß Gleichung (3), (4) und (6)

$$p_ä = w_ä(0) = p_a\, p_b$$

$$M_ä(s) = \frac{w_ä(s)}{p_ä} = e^{s(t_a + t_b)}$$

$$E(t) = \frac{d}{ds}\, e^{s(t_a + t_b)} \Big|_{s=0} = t_a + t_b$$

β) Parallelschaltung von Kanten

Wie unter α) sollen hier für das Netzwerk in folgender Abbildung die Wahrscheinlichkeit und der Erwartungswert der Zeit für das Eintreten des Knotenereignisses E angegeben werden:

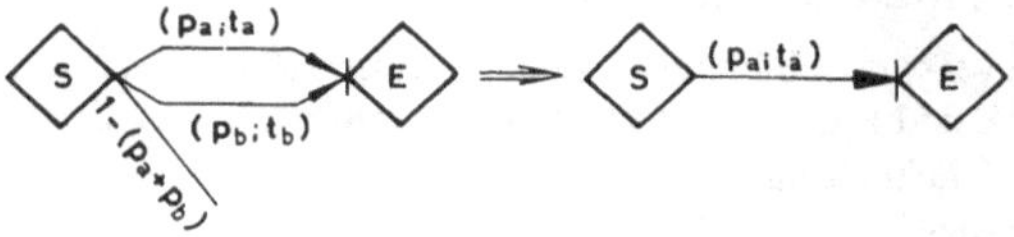

Abb. 79.

Es sind zwei Pfade und keine Loops vorhanden:

$$w_ä(s) = w_a(s) + w_b(s) = p_a e^{st_a} + p_b e^{st_b}$$

$$p_ä = w_ä(0) = p_a + p_b$$

$$M_ä(s) = \frac{1}{p_a + p_b} \quad (p_a e^{st_a} + p_b e^{st_b})$$

$$E(t) = \frac{d\, M_ä(s)}{ds} \Big|_{s=0} = \frac{p_a\, t_a + p_b\, t_b}{p_a + p_b}$$

γ) Reduktion eines Loops

Das Netzwerk enthält einen Pfad und einen Loop:

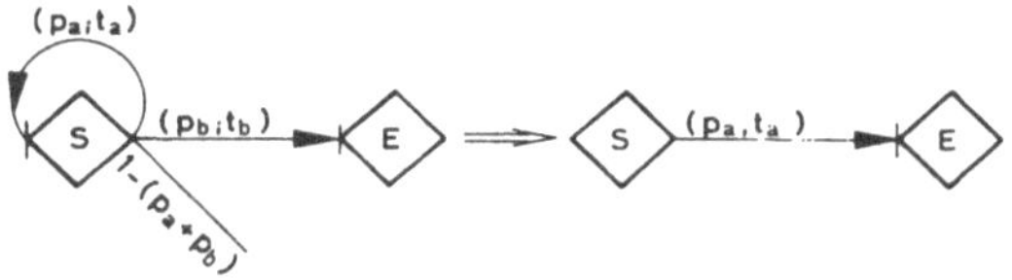

Abb. 80.

Es gilt:

$$w_{ä}(s) = \frac{w_b(s)}{1 - w_a(s)} = \frac{p_b e^{st_b}}{1 - p_a e^{st_a}}$$

$$p_{ä} = w_{ä}(0) = \frac{p_b}{1 - p_a}$$

$$M_{ä}(s) = \frac{1 - p_a}{p_b} \frac{p_b e^{st_b}}{1 - p_a e^{st_a}}$$

$$E(t) = \frac{d\, M_{ä}(s)}{ds}\bigg|_{s=0} = t_b + \frac{p_a}{1 - p_a} t_a$$

5.4.3 Beispiele

Das erste Netzwerk enthält ausschließlich den Knotentyp EXKLUSIV-ODER, d. h. daß das in Kapitel 5.4.2.3 beschriebene Verfahren zur Analyse des Netzwerkes eingesetzt werden kann. Der im zweiten Beispiel zu behandelnde Prozeßablauf erfordert die Anwendung des UND Knotens; in diesem Fall erfolgt die Lösung des Netzwerkes durch Simulation.

5.4.3.1 Verhalten eines Fertigungsaggregats

Wir gehen davon aus, daß ein Produkt in einem Fertigungsprozeß mehrere Bearbeitungsstufen zu durchlaufen habe. Das in nachfolgender Abbildung dargestellte Netzwerk symbolisiere eine dieser Fertigungsstufen, z. B. eine Maschine, Aggregat o. ä., die durch folgende Eigenschaften gekennzeichnet sei: die Wahrscheinlichkeit, daß die Maschine nach der Bearbeitung eines

Produktes ausfalle (Knoten A), sei a = 0,1; tritt dies ein, so erfolgt eine Inspektion, bei der in 20% der Fälle das defekte Aggregat einer Generalüberholung unterzogen werden muß (Knoten G) und somit zunächst aus dem Produktionsprozeß ausscheidet. Im Gegensatz dazu können 80% der Maschinen nach einer unmittelbar durchzuführenden Reparatur (Kante W_R) wieder eingesetzt werden. Die Bearbeitungszeit für ein Produkt betrage 2 Stunden, die Reparatur der Maschine dauere 0,2 Stunden.

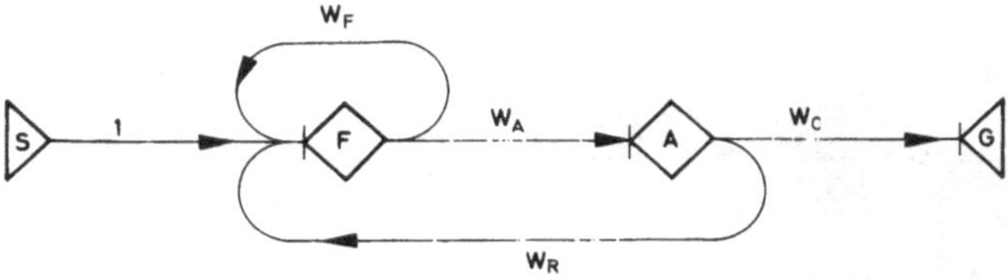

Abb. 81.

Es sollen folgende Fragen beantwortet werden:

1. Wie lange wird es im Mittel dauern, bis die Maschine ausfällt, d. h. in welchen Zeitabständen fällt eine Maschine zur Generalüberholung an (Eintreten des Knotenereignisses G)?

2. Wie groß ist die Zahl der bis zu einer Generalüberholung herzustellenden Produkte?

Loops erster Ordnung : w_F und $w_A\ w_R$

Loops höherer Ordnung: sind in dem Beispiel nicht vorhanden

Pfad : S - F - A - G = $1\ w_A\ w_G$

Die äquivalente w-Funktion ergibt sich demnach zu:

$$w_{\ddot{a}}(s) = \frac{w_A\ w_G}{1 - w_F - w_A\ w_R}$$

Zur Beantwortung der ersten Frage haben die Kantenparameter folgende Werte:

$w_F = 0{,}9\ e^{2s}$ $\qquad$ $w_R = 0{,}8\ e^{0{,}2s}$

$w_A = 0{,}1\ e^{2s}$ $\qquad$ $w_G = 0{,}2\ e^{0s} = 0{,}2$

$$w_{ä}(s) = \frac{0{,}1e^{2s} \quad 0{,}2}{1 - 0{,}9e^{2s} - 0{,}1e^{2s} \quad 0{,}8e^{0{,}2s}} = M_{ä}(s) \qquad \text{da } P_{ä} = 1$$

$$E(t) = \left.\frac{d\, w_{ä}(s)}{ds}\right|_{s=0} = 100{,}8 \text{ Stunden}$$

Die Maschine muß also im Mittel alle 100 Stunden generalüberholt werden.

Die Bearbeitung eines Produktes erfolgt durch die Ausführung der Aktivitäten w_F und w_A. Jedesmal, wenn eine dieser Kanten durchlaufen wird, ist die Bearbeitung eines Produktes abgeschlossen. Ordnen wir also den Kanten w_F und w_A eine konstante Zeit $t_p = 1$ zu und allen übrigen Kanten einen Zeitparameter von $t_0 = 0$, so liefern bei der Berechnung der Zeit bis zum Eintreten des Knotenereignisses G lediglich w_F und w_A einen Beitrag; jede Realisation dieser Kanten erhöht die Gesamtzeit um 1, d. h. es wird ein Zählmechanismus ausgelöst. Zur Beantwortung der zweiten Frage nehmen die Kantenparameter also folgende Werte an:

$w_F = 0{,}9\, e^{1s}$ $\qquad$ $w_R = 0{,}8$

$w_A = 0{,}1e^{1s}$ $\qquad$ $w_G = 0{,}2$

$$w_{ä}(s) = \frac{0{,}1e^{s} \quad 0{,}2}{1 - 0{,}9e^{s} - 0{,}08e^{s}} = M_{ä}(s) \qquad \text{da } P_{ä} = 1$$

$$E(t) = \left.\frac{d\, w_{ä}(s)}{ds}\right|_{s=0} = 50$$

Die mittlere Anzahl von Produkten, die bis zur Generalüberholung einer Maschine gefertigt werden können, beträgt also 50 Stück.

5.4.3.2 Auftragsfertigung

Das zweite Beispiel stammt ebenfalls aus dem Bereich der Fertigung und stellt einen der Übersichtlichkeit halber stark vereinfachten Ablauf dar; eine Ausweitung des Netzwerkes ist ohne Schwierigkeiten möglich. Das Beispiel beruht auf folgenden Überlegungen: das von einem Kunden in Auftrag gegebene Endprodukt setzt sich im wesentlichen aus zwei Teilen zusammen. Hiervon wird das Teil A von dem beauftragten Unternehmen in einem umfangreichen Fertigungsprozeß selbst erstellt. Das Teil B wird durch einen Zulieferer bezogen und besitzt je nach Art des Auftrages unterschiedliche Abmessungen und Eigenschaften. Für häufiger eingehende Aufträge befindet es sich in geringer

Stückzahl auf Lager. Nach Erteilung des Auftrages wird zunächst geprüft, ob die erforderlichen Konstruktionszeichnungen bereits vorhanden sind. Ist das nicht der Fall, so erfolgt eine Neukonstruktion. Im Anschluß hieran laufen simultan zwei Vorgänge an:

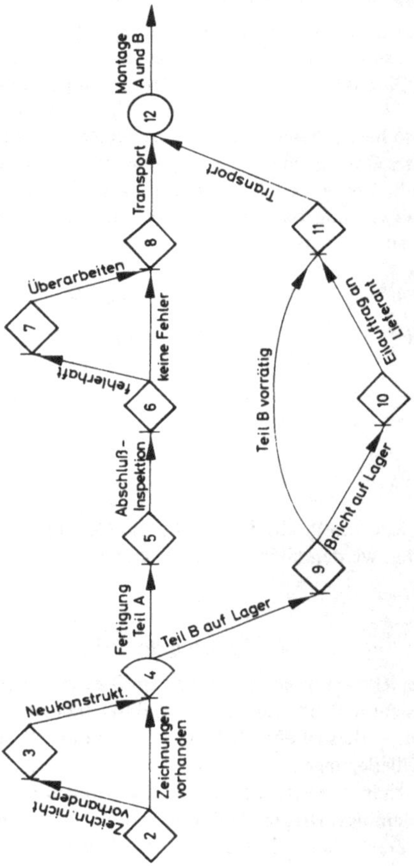

Abb. 82.

a) Die Fertigung von Teil A mit einer Vielzahl von Arbeitsoperationen und dazwischenliegenden Inspektionen. Eine anschließende Abschlußinspektion kann zu zwei Ergebnissen führen: 1. Teil A ist fehlerhaft und muß überarbeitet werden, 2. Teil A ist in Ordnung und kann zur Montage transportiert werden.

b) Eine Abfrage, ob Teil B auf Lager ist, führt zu zwei möglichen Ausgängen: 1. B ist vorrätig, d. h. der Zeitpunkt der Montage wird nur durch die Fertigung von A bestimmt, 2. B muß durch einen Eilauftrag von dem Lieferanten beschafft werden; hierdurch kann bei einer Lieferverzögerung der Montagezeitpunkt beeinflußt werden.

Start-knoten	End-knoten	Wahrschein-lichkeit	Vertei-lung	Mittel-wert	Min. Wert	Max. Wert	Standard-abweichung
2	3	0,3	konst.	0			
2	4	0,7	"	0			
3	4	1,0	normal	1,5	1,0	2,0	0,2
4	5	1,0	"	12,0	10,0	14,0	1,2
5	6	1,0	"	0,5	0,3	0,7	0,1
6	7	0,2	konst.	0			
6	8	0,8	"	0			
7	8	1,0	normal	2,0	0,5	3,5	1,0
8	12	1,0	konst.	0			
4	9	1,0	"	0,2			
9	11	0,65	"	0			
9	10	0,35	"	0			
10	11	1,0	normal	10,0	5,0	15,0	2,0
11	12	1,0	konst.	0			

Das Beispiel wurde mit Hilfe des angegebenen Simulationsprogrammes durchgerechnet, wobei für die Aktivitäten die in obiger Tabelle aufgeführten Daten zugrunde gelegt wurden. Neben dem Problem der Zeitschätzung dürfte in der Praxis die Zuordnung von Wahrscheinlichkeiten an den Verzweigungspunkten nur aufgrund von Erfahrungswerten und ausreichenden Datenmaterials möglich sein. Die Berechnung führte zu folgenden Ergebnissen:

Knoten	Wahrscheinlichkeit	Erwartungswert der Zeit	Standardabweichung
8	1,0	13,43	1,55
11	1,0	4,13	4,87
12	1,0	13,46	1,5

Von primärem Interesse ist hier der Knoten 12, der den Montagezeitpunkt bestimmt. Die Tatsache, daß der Erwartungswert für die Zeit dieses Ereignisses weitgehend mit dem Erwartungswert des Knoten 8 übereinstimmt, deutet an, daß der Montagezeitpunkt im wesentlichen durch das in eigener Produktion herzustellende Teil A bestimmt wird; der Einfluß des Zuliefererteils B erweist sich bei den hier gewählten Daten für die Aktivitäten zwischen den Knoten 4 und 11 als vernachlässigbar gering. Da das Beispiel so gewählt wurde, daß nur ein Endknoten (12) existiert, ist die Wahrscheinlichkeit für das Eintreten dieses Ereignisses natürlich gleich 1,0. Wäre nach der Abschlußinspektion als dritte Alternative der Fall möglich, daß Teil A absolut unbrauchbar und damit als Ausschuß anzusehen wäre, so ergäbe sich ein zusätzlicher Endknoten (Ausschuß), der mit der Wahrscheinlichkeit p_a realisiert würde, d. h. der Knoten 12 ließe sich nur mit der Wahrscheinlichkeit $(1 - p_a)$ erreichen.

5.4.4 Zusammenfassung

Betrachtet man die bis heute bestehende Theorie der stochastischen Netzwerke und deren Anwendbarkeit, so läßt sich zusammenfassend folgendes feststellen:

1. Das Verfahren GERT ist die am weitesten entwickelte Methode, die es erlaubt, Prozesse darzustellen und zu analysieren, die sowohl in ihrer Struktur als auch in ihrem zeitlichen Verhalten nicht determiniert sind.
2. Die Darstellung solcher Prozesse erfolgt unter Verwendung logischer Knotenelemente. Wie bei den konventionellen Netzplantechniken bietet auch hier die graphisch anschauliche Erfassung eines komplexen Ablaufes den Vorteil, daß die zu untersuchenden Probleme transparenter, bestehende Interdependenzen besser erkennbar und Modifikationen leichter durchführbar werden.
3. Für den EXKLUSIV-ODER Knoten ist eine exakte mathematische Analyse möglich. Sie beruht auf der Anwendung der Mason-Formel und unter Zuhilfenahme der momenterzeugenden Funktion, die für eine Vielzahl von Verteilungen definiert ist.
4. Der Vollständigkeit halber soll darauf hingewiesen werden, daß in Kapitel 5.4.2.3 nicht alle Möglichkeiten behandelt wurden, die das Verfahren GERT bietet. Ist man z.B. an der äquivalenten Wahrscheinlichkeit, Zeit und Kosten für das Eintreten eines bestimmten Ereignisses interessiert unter der Voraussetzung, daß die Anzahl von Realisationen r ganz bestimmter Knoten, Aktivitäten oder Teile des Netzwerkes kleiner, gleich bzw. größer als eine vorgegebene Zahl n ist, so erhält man diese Information durch Anwendung der sogenanten erzeugenden Funktion. Man denke z.B. an ein Werkstück, das an einer bestimmten Stelle des Fertigungsablaufes einer Wärmebehandlung derart unterzogen wird, daß es diesen Wärmeprozeß genau n mal durchlaufen muß, bevor die nächste Arbeitsoperation an ihm ausgeführt werden kann.

Anhang

1. Übersicht über vorhandene NPT-Programme

Es wurde schon an verschiedenen Stellen dieses Textes auf vorhandene Rechnerprogramme hingewiesen. Die folgenden Tabellen der Seiten 128 und 129 bringen nun einen Überblick über einige technische Eigenschaften der bekanntesten Programme.

2. Programmbeschreibungen

Für einige der bereits in diesen Tabellen erfaßten Programme seien nun etwas detailliertere Beschreibungen gegeben:

1. GRASP (General Resource Allocation and Scheduling Program)

I. Aufgabe des Programms

GRASP ist ein von der IBM für die hardware-Systeme 7090 und 360 entwickeltes Programm, das unter Verwendung der Methode des kritischen Weges einen Zeitplan für den Einsatz von Arbeitskräften und Betriebsmitteln erstellt.

GRASP führt zunächst eine normale Zeitplanung durch. Unter Verwendung der ermittelten Ergebnisse erfolgt anschließend eine Kapazitätsplanung der zur Verfügung stehenden Betriebsmittel, indem die Tätigkeiten innerhalb ihrer Gesamtpufferzeit zeitlich verschoben werden. Dieses Vorgehen beruht auf einem Reihenfolgealgorithmus mit Hilfe von Prioritätsregeln. Dabei kann von zwei verschiedenen Möglichkeiten Gebrauch gemacht werden: entweder wird die Bedingung einer fixen Kapazitätsbegrenzung oder einer fixen Zeitbegrenzung erfüllt.

II. Zeitplanung

Es wird eine normale Zeitplanung nach CPM durchgeführt.

1. Programmname	GRASP	PMS	ICL PERT	PRECEDENCE	SINETIK	TELEPERT
Lfd. Nr.	1*	2*	3	4*	5	6
2. Programmumfang	Termin-, Kazitätsplanung; Berichtsystem	Termin-, Kosten-, Kapazitätsplanung Berichtsystem	Termin-, Kosten-, Kapazitätsplanung	Terminplanung	Termin-, Kosten-, Kapazitäts-, Finanzplanung	Termin-, Kosten-, Kapazitäts-, Finanzplanung
3. Orientierung	tätigkeitsor.	tätigkeitsor.	tätigkeitsor. ereignisor.	tätigkeitsor.	tätigkeitsor. ereignisor.	ereignisor.
4. Methode	CPM	CPM	PERT, CPM	MPM	CPM, PERT, MPM	PERT, CPM
5. Multiprojektplanung	nein	ja	ja	nein	ja	ja
6. Minimalkonfiguration	IBM 360/30	IBM 360/30	ICL 1901	ICL 1901	4004/35	TR 4
7. Knotenzahl a) bei Minimalkonfig.	5000		3000	1500	1000	80 000
b) bei Maximalkonfig.		200 000	60 000	4000	20 000	100 000
8. Datenausgabe	Listen Diagramme	Listen Diagramme	Listen Tabellen Diagramme	Listen Diagramme	Listen Tabellen Diagramme	div. Listen

*detailliertere Beschreibung im Folgenden

1. Programmname	CPM/MON	ASTRA/DISC	PERT TIME/COST	CPM	1440 PCS
Lfd. Nr.	7	8*	9*	10	11
2. Programmumfang	Termin-, Kost.-planung; Abweichungs-analyse; Berichtsystem	Termin-, Kapazit.-planung Berichtsystem Dateiwartung	Termin-, Kosten-, Kapazitäts-planung	Terminplanung Berichtsystem	Termin-, Kosten-planung Berichtsys.
3. Orientierung	tätigkeitsor.	tätigkeitsor.	tätigkeitsor. u. ereignisor.	tätigkeitsor.	tätigkeitsor.
4. Methode	CPM	CPM, MPM	PERT	CPM	CPM, MPM
5. Multiprojekt-planung	nein	ja	–	nein	nein
6. Minimal-konfiguration	GE 400	GE 400	CDC 3100	H 110	IBM 1401-8K*
7. Knotenzahl a) bei Minimalkonf.	3000	20 000	3000	200	2000
b) bei Maximalkonf.	–	–	6000	3800	–
8. Datenausgabe	Listen	Listen Tabellen Diagramme	Listen Diagramme	Listen Diagramme	Listen Tabellen Diagramme

*Dieses Programmsystem ist auch für die Anlagen der Serie IBM 360 verfügbar.

III. Betriebsmittelplanung

1. Verschiedene Versionen

Es können zwei Versionen des GRASP je nach dem Ziel der Kapazitätsplanung unterschieden werden:

a) *Fixe Kapazitäten:* Dürfen die angegebenen Kapazitäten unter keinen Umständen überschritten werden, so wird eine Minimierung der Gesamtprojektzeit angestrebt. Allerdings kann dann die Projektdauer über die Dauer des kritischen Weges verlängert werden.

b) *Fixe Zeiten:* Ist ein vorgegebener Fertigstellungstermin oder die Länge des kritischen Weges als fixe Zeit angenommen, so wird Minimierung des Betriebsmittelaufwandes angestrebt. Hierbei können allerdings zusätzliche Betriebsmittel angefordert werden. Negative Puffer sind möglich.

2. Prioritätsregeln

Die Kapazitätsplanung wird mit Hilfe von Prioritätsregeln durchgeführt, mit deren Hilfe darüber entschieden wird, welche Tätigkeiten ohne Aufschub beginnen müssen und welche verzögert werden können. Das Programm kann keinen optimalen Zeitplan garantieren, sondern stellt eine gute Näherungslösung dar. Es stehen verschiedene Prioritätsregeln zur Auswahl. Die generelle Vorteilhaftigkeit einer Prioritätsregel ist nicht beweisbar, allerdings hat sich bei Tests ergeben, daß für die meisten Situationen der späteste Start als Prioritätsregel am besten geeignet ist. Es bestehen bei GRASP folgende mögliche Prioritätsregeln:

a) *Gesamtpuffer:* Priorität haben die Tätigkeiten mit dem kleinsten Gesamtpuffer.

b) *Dauer:* Priorität haben die Tätigkeiten mit dem geringsten Zeitbedarf.

c) *Frühester Anfang:* Priorität haben die Tätigkeiten, die den frühesten "frühesten Anfang" haben.

d) *Spätester Anfang:* Priorität haben die Tätigkeiten mit dem frühesten "spätesten Anfang". Hier werden also FAZ und GP berücksichtigt.

e) *Spätestes Ende:* Priorität haben die Tätigkeiten mit dem frühesten "spätesten Ende". Hier werden also SA und Dauer kombiniert.

f) *Gesamtpufferzeit + Dauer:* Dauer und GP werden addiert und die kleinste Summe hat Priorität.

g) *Prioritätsnummer:* Jede Tätigkeit erhält eine Prioritätsnummer und die mit der niedrigsten Nummer wird zuerst durchgeführt. Diese Prioritätsregel ist also nicht von den Zeitdaten des Netzes abhängig.

h) *Primär- und Sekundärregel:* Falls zur eindeutigen Reihenfolgeunterscheidung eine Prioritätsregel (primär) nicht ausreicht, kann eine zweite Prioritätsregel (sekundär) angewendet werden.

3. Betriebsmittelkapazität

Für alle in dem Programm berücksichtigten Betriebsmittel muß die Kapazität spezifiziert werden. Die Kapazitätsgrenzen werden in einer Zeitspanne entweder zyklisch oder nicht-zyklisch festgesetzt.

a) Nicht-zyklische Kapazitätsgrenzen
Man kann für ein bestimmtes Betriebsmittel beliebig viele Kapazitätsgrenzen festlegen. Die Gesamtzahl der Grenzen für alle Betriebsmittel darf nicht größer als 500 sein.

b) Zyklische Kapazitäten
Für jedes Betriebsmittel können bis zu 5 Kapazitätsgrenzen und die dazugehörigen Zeitspannen bestimmt werden. Die Kapazitätsgrenzen werden dann während der gesamten Projektdauer zyklisch wiederholt.

4. Kapazität des Programmes

a) Die Ereignisse können beliebig nummeriert werden. Höchste Ereignisnummer ist 99999. Es darf nicht mehr als ein Start- und Endereignis gegeben werden.

b) Der Netzplan darf nicht mehr als 5 000 Tätigkeiten enthalten. Längste Aktivitätsdauer ist 9999 Zeiteinheiten.

c) Den Tätigkeiten kann ein Abteilungscode von drei alphanumerischen Zeichen zur Sortierung zugeordnet werden.

d) Für einzelne Tätigkeiten besteht die Möglichkeit, Plantermine für FAZ oder SEZ vorzugeben.

e) Der Kalender umfaßt 5 Jahre und berücksichtigt bis zu 50 Feiertage.

f) Bei Tätigkeiten mit großer Pufferzeit kann die Pufferzeit begrenzt werden.

g) Es ist möglich, Tätigkeiten zu unterbrechen, damit man für Tätigkeiten mit größerem Vorrang Betriebsmittel freigeben kann. In diesem Fall muß vorher angegeben werden, wann und für welchen Zeitraum Tätigkeiten geteilt werden können.

h) Tätigkeiten können auch verknüpft werden, so daß die nachfolgende Tätigkeit unmittelbar nach Abschluß der vorhergehenden beginnt.

5. Datenausgabe

Die Ausgabelisten können in drei Gruppen unterteilt werden:

a) Vor Berechnung des kritischen Weges

   1. Liste der Eingabedaten
   2. Tabelle aller Betriebsmittel
   3. Anfangs- und Endereignisse

b) Listen des kritischen Weges

   Man kann wahlweise Listen nach verschiedenen Sortiermöglichkeiten ausdrucken lassen:

Vorereignis	Dauer
Nachereignis	Prioritäts-Nr.
FA	Abteilung
SA	Pufferzeit
FE	
SE	

c) Zeitplanausgaben

   1. Kapazitäten
   2. Kapazitätszeitpläne
   3. Betriebsmittellisten
   4. Kapazitätsbelastungstabelle

2. PMS (Project Management System)

PMS ist ein von der IBM entwickeltes Programmsystem, das mehrere Programme enthält. Das Programmsystem soll dem Projekt Management als Instrument für die Planung, Überwachung und Kontrolle dienen. PMS ist in FORTRAN geschrieben und wurde von der IBM für das System 360 entwickelt.

I. Aufbau des Programms PMS/360

Das Programmsystem ist nach dem Schachtelprinzip aufgebaut und enthält drei "processors", die jeweils verschiedene Programme beinhalten. Diese Programme sind wieder in Unterprogramme aufgeteilt. Durch diese Schachtelung ist es dem Benutzer ermöglicht, die seinem Problem entsprechende Programmkonfiguration auszuwählen. Die drei "processors" sind der Netzwerkprocessor, der Kostenprocessor und der Reportprocessor. Die Abbildung zeigt mögliche Datenflüsse durch die drei Prozessoren.

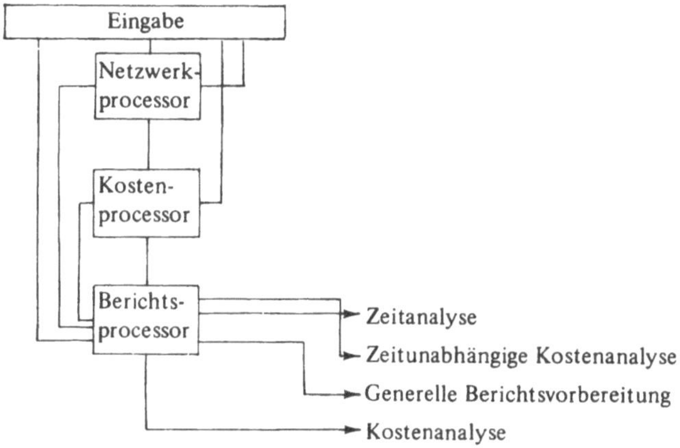

II. Der Netzwerkprocessor (Terminplanungsteil)

1. Netzplanmethode

PMS ist so variabel aufgebaut, daß alle Netzplanmethoden zur Planung eines Projektes herangezogen werden können: PERT, CPM, MPM. Das Düsseldorfer Rechenzentrum der IBM kann auf seiner 360/65 z.B. CPM und MPM rechnen. Allerdings wird dabei mit einer Variante des MPM gearbeitet, mit PDM (Precedence Diagram Method). Bei PDM gibt es keine Maximalbeziehungen wie beim ursprünglichen MPM. Bei PDM sind folgende vier Grundbeziehungen möglich:

a) Start-Start-Beziehung

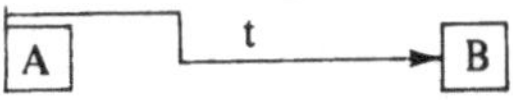

b) Ende-Start-Beziehung

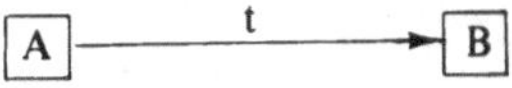

c) Ende-Ende-Beziehung

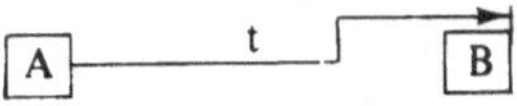

d) Start-Ende-Beziehung

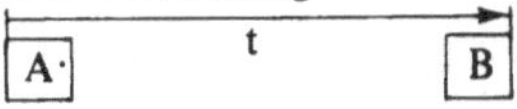

f) Start-Start/Ende-Ende-Beziehung

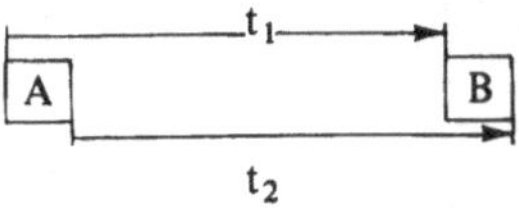

2. Kapazität des Programmes

a) Für eine maximale hardware-Konfiguration des Systems 360 können maximal 254 Teilnetze mit jeweils bis zu 32 000 Aktivitäten verarbeitet werden (bei reiner Zeitplanung).

Die Speicherbeschränkungen sind (bei Zeitplanung):

Anzahl der Aktivitäten	Kern-speicher	Periphere Speicher
1000	44 K	700 K
3560	108 K	2492 K
8680	236 K	6076 K
18920	492 K	13244 K
32000	1004 K	22400 K

b) Es sind beliebig viele Start- und Endvorgänge je Teilnetz möglich. Damit sind beliebig viele Verknüpfungsmöglichkeiten zwischen den Teilnetzen erlaubt. Für das Gesamtnetz sind ebenfalls beliebig viele Start- und Endvorgänge erlaubt. Die Zahl der Anordnungsbeziehungen von und zu einer Tätigkeit ist unbeschränkt.

c) Für die Numerierung der Ereignisse bzw. Aktivitäten bestehen keine Vorschriften, außer daß zwei Ereignisse nicht die gleiche Nummer bekommen. Die Nummer einer Aktivität darf 8-stellig alphanumerisch sein.

d) Die Bildung der Teilnetze ist beliebig. Die maximale Anzahl beträgt 254.

e) Das Programm sieht einen Kalenderbereich von 15 Jahren vor. Dabei sind individuelle Eingaben möglich: z. B. Feiertage und Fabrikkalender. Eine Berücksichtigung durchgehender Arbeiten (z. B. außerordentliche Feiertagsarbeit) ist ebenfalls möglich.

   Die Wahl der Zeiteinheit (z. B. Minuten, Stunden, Wochen, Schichten usw.) ist selbstverständlich beliebig.

f) Im PMS sind 108 Fehlerprüfungen eingebaut.

3. Dateneingabe

Die Dateneingabe erfolgt über Lochkarten. Nach dem ersten Berechnungsvorgang kann ein Datenstammband erstellt werden, so daß in den Folgeläufen nur die veränderten oder neuen Karten eingelesen werden brauchen. Für diesen Änderungsdienst bestehen bestimmte Vorschriften. Die Eingabe von 8-stelligen alphanumerischen Vorgangsnummern ist möglich. Es existieren folgende Eingabekarten:

a) Steuerkarte A 1	: Kunde
b) Steuerkarte A 2	: Einfach- oder Mehrfachausdruck
c) Steuerkarte A 3	: Aufgabenkarte
d) Parameterkarte	: Format für Output
e) Kalenderkarte	: Kalender
f) Netzwerkkarte	: Netzwerkname
g) Teilnetzkarte	: Teilnetzname
h) Organisation-Code-Karte	: Kopf der Ergebnisliste
i) Vorgangskarte	: Aktivitätsdaten
j) Vorläufer-Karte	: Reihenfolgedaten
k) Meilensteinkarte	: Meilensteine

4. Datenausgabe

Die Datenausgabe kann nach verschiedenen Kriterien sortiert werden. Sortierparameter sind:

Teilnetzkennung
Organisationscode
Abteilungskode
Vorgangsnummer
Beschreibungstext
Pufferzeiten
Netzplantermine

Die Ergebnislisten können mit detaillierten und verdichteten Informationen ausgedruckt werden. Man hat auch die Möglichkeit, einzelne Daten selektiv ausdrucken zu lassen.

III. Der Kostenprocessor

1. Aufgaben

Neben der Errechnung der Gesamtkosten und des gesamten Finanzbedarfs für ein Projekt hat der Kostenprocessor vordringlich die Aufgabe der Planung und Kontrolle von Kosten und Ausgaben im Zeitablauf.

2. Programmteile

Der Kostenprocessor umfaßt mehrere Programme, die sowohl simultan als auch isoliert angewendet werden können. Es sind dies:

a) Ein Programm für das Ausdrucken aller eingegebenen Kostendaten.

b) Ein Programm für das Sortieren der Kosten nach verschiedenen Kriterien.

c) Ein Programm, mit dessen Hilfe die Kostendaten auf den neuesten Stand gebracht werden.

d) Ein Programm zur Steuerung des Outputformats.

f) Ein Programm zur Auswahl verschiedener Teilnetze.

3. Kapazität des Programmes

Das Programm ist in der Lage, maximal 254 Teilnetze zu bearbeiten. Als Länge einer Rechnungsperiode kann gewählt werden: Woche, Kalendermonat, Vier-Wochen-Monat, Vierteljahr. Der maximale Kalender für die Kostenplanung beträgt 18 Rechnungsperioden. Die Daten der Aktivitätsnummern, Abteilungsnummern und Kostenstellennummern können mit variabler Feldlänge eingegeben werden. Alle drei zusammen können zusammen maximal 24 Stellen haben. Eine Organisationshierarchie kann jeweils in maximal neun Ebenen berücksichtigt werden.

4. Kostenplanung

Das Programm rechnet mit folgenden Kosten:

a) Sollkosten

b) Istkosten

c) Budget

Die Kosten können auch vom Programm errechnet werden. In dem Fall muß eine Wertetabelle vorgegeben sein und nur das Mengengerüst der Kosten wird eingegeben.

Eine Kostenzuordnung kann vorgenommen werden zu:

a) Aktivitäten

b) Aktivitätsgruppen

c) Ereignissen

Eine Kostenaufteilung kann zusätzlich vorgenommen werden nach:

a) Abteilungen

b) Kostenstellen

c) Kostenarten.

IV. Der Berichtsprocessor

Dieser Teil des Programmsystems organisiert die verschiedenen Ausgabeberichte. Für alle verschiedenen hierarchischen Ebenen lassen sich folgende Berichte ausdrucken;

1. Hauptübersicht (Management Summary Report)
2. Ausgaben-Übersicht (Financial Plan and Status Report)
3. Kostenkategorie-Übersicht (Cost Categorie Status Report)
4. Meilenstein-Übersicht (Milestone Report)
5. Firmen-Bericht (Organisation Status Report)
6. Projekt-Zustandsbericht (Program/Project Status Report)

7. Kapazitätsanforderung (Manpower Loading Report)
8. Arbeitspaket-Zeitbericht (Charge Nr. Time Report)
9. Graphische Berichte zur Darstellung von Kosten und Kapazität in Abhängigkeit von der Projektdauer
10. Budgetierungsplan (Budget Authorization and Updating Form).

4. PERT-Precedence

Precedence von ICL ist für die Computer der 1900 Serie entwickelt worden. Es dient u. a. dazu, den Aufbau von Netzplänen aus standardisierten und gespeicherten Unternetzplänen zu ermöglichen. Das Programm ist bandorientiert und in Assembler geschrieben.

1. Netzplanmethode

Angewendet wird die PERT-Methode. An den verknüpfenden Pfeilen zwischen den Tätigkeitsknoten wird der notwendige Zeitabstand zwischen den Beginnzeitpunkten zweier aufeinander folgender Tätigkeiten eingetragen.

2. Leistung des Programmes

a) Bei 8K (ca. 5 800 Worten) können 1 500 Aktivitäten mit 2 700 Verbindungen verarbeitet werden, bei 16K (ca. 13 000 Worte) dagegen 4 095 Aktivitäten mit 6 000 Verbindungen. Zusätzlich werden 4 Bänder, 1 Kartenleser und 1 Schnelldrucker benötigt.

b) Ein Kalenderprocessor ist vorhanden.

c) Die Zeiteinheit kann gewählt werden, z. B.: Tag oder Woche.

d) Es werden ca. 100 Fehlerarten geprüft.

e) Aufbau von Netzen aus Standard Unternetzen.

   Hiermit sollen im Falle von Wiederholprojekten manuelle Routinearbeiten eingespart werden. Die Standardinformation kann teilweise oder ganz auf Band abgespeichert sein. Das Vorgehen beruht auf dem Baukastenprinzip. Für große Projekte werden standardisierte Unterprojekte zusammengestellt, dabei können die Standarddaten fallweise oder global modifiziert werden und zwar vor allem die Tätigkeitszeiten und die Folgezeiten zwischen den Tätigkeiten.

3. Dateneingabe

Hauptsätzlich werden 2 Arten von Daten eingegeben:

1. Daten zu den Tätigkeiten und ihren Verknüpfungen,
2. Daten das ganze Projekt betreffend.

4. Datenausgabe

Ausgedruckt werden Tätigkeitslisten und GANTT-charts. Der Benutzer kann unter den Tätigkeiten eine bestimmte Auslese treffen, deren Sortierfolge bestimmen und das Format des Ausdrucks wählen.

5. Sinetik 4004

Das von der Firma Siemens für die Zwecke des Project Management entwickelte Programmsystem Sinetik 4004 enthält mehrere Programme. Das Programmsystem kann auf der hardware-Serie 4004/35/45/55 ablaufen. Das Programmsystem wurde in FORTRAN geschrieben. Um den vielfältigen Anforderungen der Praxis zu entsprechen, sind Ein- und Ausgabe des Programms mit viel Komfort ausgestattet.

I. Aufbau des Programmsystems

Das Programmsystem ist ebenfalls nach dem Schachtelprinzip aufgebaut und hat im wesentlichen drei Bestandteile:

1. Terminplanungsprogramm
2. Finanzmittel- und Kostenplanungsprogramm
3. Betriebsmittelplanungsprogramm

II. Terminplanungsprogramm

1. Netzplantechnik

Siemens hat als Grundlage des Programms für die Terminplanung die MPM-Methode in ihrer ursprünglichen Form gewählt. Daneben besteht aber auch ein CPM-Programm in dem Programmsystem.

2. Kapazität des Programmes

a) Je nach hardware-Konfiguration bestehen folgende Speicherrestriktionen:

Zahl der Aktivitäten	Zahl der Anordnungs-ziehungen	Kernspeicher-bedarf
1000	1000	65 KB
6000	6000	131 KB
17000	17000	262 KB

b) Die Anzahl der Start- und Endvorgänge ist beliebig. Die Anzahl der Beziehungen von und zu einer Tätigkeit ist unbeschränkt. Auch die Anzahl der negativen Anordnungsbeziehungen ist beliebig groß. Zwischen Teilnetzen können beliebig viele Verknüpfungen bestehen.

c) Die Numerierung ist beliebig. Die Nummer darf 8-stellig numerisch sein.

d) Die Aufteilung in Teilnetze ist innerhalb der gegebenen Speicherrestriktionen beliebig. Das gleiche gilt für die Anzahl der Teilnetze.

e) Der Kalenderbereich beträgt bei der 65KB-Version 6 Jahre, bei den großen Versionen 20 Jahre.

Die im Programm möglichen Zeiteinheiten sind: Arbeitstage, Arbeitswochen, Arbeitsmonate. Ob es sich um eine 5, 6 oder 7-Tagewoche handelt, muß vorher einheitlich angegeben werden. Eine Mischung von verschiedenen Zeiteinheiten ist erlaubt. Eine Besonderheit der Zeitschätzung ist, daß der Zeitwert einer Anordnungsbeziehung in Abhängigkeit von der Dauer einer Tätigkeit angegeben werden kann, was für praktische Fälle oft nützlich sein kann.

Beispiel:

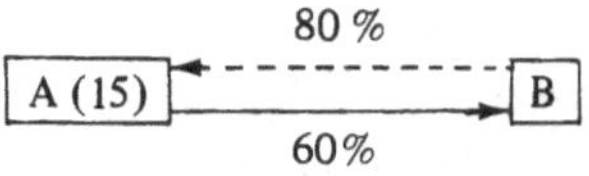

A – B: 60% von 15 ZE = 9 ZE
B – A: 80% von 15 ZE = 12 ZE

f) Im Programm werden 22 Fehlerprüfungen durchgeführt. Die Prüfungen beziehen sich sowohl auf syntaktische als auch auf logische Fehler.

3. Dateneingabe

Die Dateneingabe erfolgt über Karten und ist so aufgebaut, daß nachträgliche Änderungen verschiedenster Art ohne Schwierigkeiten eingebaut werden können. Es gibt folgende Eingabekarten:

Steuerkarte (10) : Projektkennzeichen, Kalendereinteilung, Rechnungsart (positiv und/oder negativ)
Steuerkarte (11) : Projektüberschrift
Steuerkarte (12) : Teilprojektüberschrift
Steuerkarte (13) : Tagesdatum
Steuerkarte (14) : Beginndatum
Steuerkarte (15) : Kalendersteuerkarte (Zeiteinheiten)
Tätigkeitskarte (22) : Aktivitätsdaten
Anordnungs-
beziehungskarte (23): positive Anordnungsbeziehungen
Anordnungs-
beziehungskarte (24): negative Anordnungsbeziehungen
Schlußkarte

Für den Ablauf des Programms sind Steuerkarte (10) und Schlußkarte obligatorisch, alle anderen Steuerkarten können wahlweise eingegeben werden. Die Reihenfolge der Eingabekarten ist-bis auf die Schlußkarte beliebig.

4. Datenausgabe

Die Datenausgabe kann nach verschiedenen Kriterien sortiert werden. Die Kriterien sind dieselben wie bei PMS.

III. Finanz- und Kostenplanungsprogramm

Dieses Teilprogramm des Programmsystems Sinetik 4004 ist nur anwendbar, wenn ein auf der Grundlage der CPM-Methode entwickelter Terminplan vorliegt. Ein Terminstammband nach CPM muß zur Verfügung stehen.

1. Zweck des Programms

Der Zweck dieses Programms ist nicht so sehr die Ermittlung des gesamten Finanzbedarfs (Ausgaben) und der gesamten Kosten eines Projektes, als vielmehr:

a) Planung und Kontrolle der Kosten im Zeitablauf,

b) Planung und Kontrolle der Ausgaben im Zeitablauf.

Die dazu benötigten Daten sind:

a) Daten des Terminplanungsstammbandes,

b) Daten über Kosten von Tätigkeiten oder Tätigkeitsgruppen,

c) Daten über den Finanzbedarf von Tätigkeiten oder Tätigkeitsgruppen.

2. Definitionen

Neben den bekannten Begriffen von CPM sind zum Verständnis des Programms einige zusätzliche Begriffe notwendig.

a) Netzplanabhängige – netzplanunabhängige Daten

Als netzplanabhängig werden alle Eingabedaten bezeichnet, die einer Tätigkeit oder Tätigkeitsgruppe zugeordnet werden.

Netzplanunabhängig sind die Eingabedaten (Kosten oder Finanzbedarf), deren Beträge einen Zeitraum bzw. einem Zeitpunkt zugeordnet sind.

b) Bezugszeitraum

Kosten und/oder Finanzbedarf können auf einen Zeitraum bezogen werden. Dieser Zeitraum heißt Bezugszeitraum. Bei netzplanabhängigen Daten ist der Bezugszeitraum gleich der Dauer der Aktivität bzw. der Aktivitätengruppe.

Bei netzplanunabhängigen Daten kann die Lage des Bezugszeitraumes beliebig festgelegt werden. Die Länge des Bezugszeitraumes ist maximal 24 Monate.

c) Bezugstermin

Der Bezugstermin ist der erste Tag des Bezugszeitraums. Bei netzplanabhängigen Eingabedaten wird er durch einen "ausgewählten Tätigkeitstermin" und durch eine Zusatzzeit bestimmt.

Beispiel: Zahlung am 15. Tag nach FAZ von Aktivität A.

Dabei ist:

FA	: ausgewählter Tätigkeitstermin (möglich wären auch FEZ, SAZ, SEZ)
15	: Zusatzzeit
FA + 15	: Bezugszeitpunkt.

Bei netzplanunabhängigen Eingabedaten ist der Bezugstermin beliebig.

3. Kostenplanung

Eine wesentliche Prämisse der Kostenplanung ist die Annahme, daß die Kosten simultan und proportional zur Dauer des Bezugszeitraums anfallen. Kleinster Planungszeitraum ist ein Monat, da für einen kleineren Zeitraum eine Kostenzurechnung nicht mehr sinnvoll erscheint.

a) Zurechnung der Kosten einer Tätigkeit

Erstreckt sich ein Bezugszeitraum über zwei oder mehrere Kalendermonate, werden die zugehörigen Kosten zeitanteilig zugerechnet.

b) Zurechnung der Kosten von Tätigkeitsgruppen

Häufig können Kosten nur für Tätigkeitsgruppen bestimmt werden. Hängen die Tätigkeiten der Gruppe zeitlich zusammen, so werden die Kosten proportional der Gesamtdauer der Gruppe zugerechnet. Die Dauer der Gruppe ergibt sich aus der Differenz von größtem Endtermin und kleinstem Beginntermin aller zur Gruppe gehörenden Tätigkeiten.

Das Programm bietet noch eine zweite Möglichkeit für diesen Fall: Die Kosten werden zeitanteilig auf die einzelnen Tätigkeiten verteilt und dann bei jeder Tätigkeit proportional zur Ausführungszeit zugerechnet.

c) Zurechnung der Kosten zu Bezugszeitpunkten

Wenn sich die Kosten nicht sinnvoll zeitentsprechend zuordnen lassen, so können sie auch Bezugszeitpunkten zugeordnet werden.

d) Kostenarten und Kostenstellen

Häufig ist es wünschenswert, die Kosten nicht in einem Betrag anzugeben, sondern aufgeschlüsselt nach Kostenarten und Kostenstellen. Das Programm bietet diese Möglichkeit.

4. Finanzplanung

In der Regel wird man bei der Finanzbedarfsplanung nicht von einem zur Ausführung der Tätigkeit simultanen Anfall ausgehen können. Eine Zuordnung zu Bezugszeitpunkten ist möglich. Damit ist auch eine Einbeziehung von Zahlungsmodalitäten ermöglicht.

Der Finanzplan gibt drei verschiedene Möglichkeiten des Vergleichs:

a) geplanter Bedarf – tatsächliche Ausgaben

b) vorgegebenes Budget für beliebige Zeiträume – geplanter Finanzbedarf

c) vorgegebenes Budget für beliebige Zeiträume – tatsächliche Ausgaben.

Die Vergleichsberichte können nach verschiedenen Kriterien (z. B. Abteilungen usw.) mit Einzelwerten und kumulierten Werten ausgedruckt werden.

5. Eingabedaten

Kartenart	Karteninhalt
30	Programmsteuerkarte
31	Überschriftskarte
32	Tagesdatumskarte
34	Karte für tätigkeits- bzw. gruppenbezogene Sollbeträge
35	Karte für die zeitabhängigen Sollbeträge
36	Karte für das Budget
37	Karte für Istbeträge
	Schlußkarte

Die Karten 30, 34 und die Schlußkarte sind obligatorisch, die übrigen Karten können wahlweise vorkommen.

6. Ausgabeberichte

Drei verschiedene Berichte werden ausgedruckt:

a) Sollbetrag – Budget

b) Istbetrag – Budget

c) Sollbetrag – Istbetrag

Alle drei Berichte können nach folgenden Begriffen aufgeschlüsselt werden:

a) für das gesamte Projekt

b) für jede Abteilung getrennt

c) für jede Kostenstelle getrennt

d) für jede Kostenart getrennt

e) für jede Kostenstelle innerhalb jeder Kostenart

f) für jede Kostenart innerhalb jeder Kostenstelle.

8. ASTRA-DISC

Das von Bull-General Electric angebotene, plattenorientierte Programmsystem ist für die GE-400 (einen mittelgroßen Computer mit ca. 60 000 DM Monatsmiete) mit einer Kernspeicherkapazität von 16 000 oder 32 000 Worten (je Wort *24 Bit*) geschrieben und benötigt als Peripherie je eine Platteneinheit, Kartenleser, Schnelldrucker, Bandeinheit. Das Programm ist in FORTRAN geschrieben. Bei der Zeitanalyse arbeitet das Programm nach der PERT-Technik. Die Einlastung mehrerer Projekte in vorgegebenen Kapazitäten ist möglich (Multiprojekt-Planung).

I. Aufbau des Programms

Das Programm ist aus einzelnen Bausteinen aufgebaut, die durch ein „Pilot-Programm" zusammengekettet werden. Es besteht aus 3 Kategorien von Unterprogrammen:

1. File handling
   Eingeben und Modifizieren von Projekten
   Eingeben der Kapazitätsrestriktionen
   Zusammenbringen von Aktivitäten aus verschiedenen Projekten für die spätere Multi-Projekt-Planung
   Interne Datenorganisation
2. Ausführende Programme
   Zeitberechnung
   Kapazitätszuteilung
3. Druckprogramme

Im einzelnen sind die Unterprogramme folgendermaßen hintereinander geschaltet:

1. Eingabe der einzelnen Projekte unabhängig voneinander
2. PERT-Zeitrechnung für die einzelnen Projekte unabhängig voneinander
3. Zusammenbringen mehrerer Projekte in eine einzige Datei
4. Eingabe der verfügbaren Kapazitäten
5. Einlasten, der in (3.) vorsortierten Aktivitäten in die Kapazitäten nach einem von zwei möglichen Algorithmen.
6. Ausgabe der Ergebnisse und zwar der errechneten Termine für die Tätigkeiten sowie die Kapazitätsbelastungskurven, Kosten der Durchführung und statistische Auswertungen.

II. Leistungen des Programmes im Einzelnen

Vor Erörterung des Programmablaufes zunächst die vorliegenden Restriktionen:

	Kernspeicherkapazität (Worte)	
Maximalwerte	*16.000*	*32.000*
Projekte	50	50
Aktivitäten pro Projekt	1.100	3.000
Ereignisse pro Projekt	800	2.000
Aktivitäten insgesamt	20.000	20.000

Kapazitäten	100	100
Kapazitäten pro Aktivität	10	10
Dauer des Einlastens	4.095	4.095
Kapazitätsprofil-Karten	256	256
Dauer einer Aktivität	999	999
Aktivitäten insgesamt	20.000	20.000

1. Dateneingabe

Es existieren 3 Arten von Eingabekarten:

a) Das "Pilot-Programm" welches die abzuarbeitenden Unterprogramme aufruft und zwar in der vom Benutzer für die Durchführung seiner Planungsaufgabe vorgegebenen Reihenfolge

b) Datenkarten, die zur Eingabe der Projekte bzw. ihrer Aktivitäten dienen. Sie liegen für die einzelnen Projekte stapelweise hintereinander. Schon eingelesene Projekte können nachträglich modifiziert werden, indem Aktivitäten annulliert, hinzugefügt oder geändert werden.

c) Comment-Karten.

2. PERT-Zeitrechnung

Nach der Dateneingabe sind zunächst die Projekt-Dateien auf den neuesten Stand zu bringen (updating). Die Zeitanalyse nach der PERT-Methode findet dann für jedes Projekt einzeln statt.

Als Bezugszeiteinheit dient wahlweise der Tag, der Halbtag oder die Woche.

Über dem Planungszeitraum kann ein "Fabrikkalender" definiert werden und zwar können über mehrere Planungsjahre hinweg die Tage eingelesen werden, an denen nicht gearbeitet wird infolge Wochenende bzw. Betriebsurlaub.

3. Zusammenmischen der Einzelprojekte

Bis zu diesem Schritt wurden die Projekte getrennt voneinander behandelt und gespeichert. Damit die Aktivitäten der verschiedenen Projekte jedoch in die verfügbaren Kapazitäten eingelastet werden können, müssen sie zunächst in eine gemeinsame Datei gebracht werden. Die aufzubauende Datei enthält die Aktivitäten sämtlicher Projekte in folgender Sortierfolge:

1. Projektpriorität
2. spätester Endtermin der Aktivität
3. spätester Starttermin der Aktivität
4. Dauer der Aktivität

Daraufhin werden die Projekte mit verschiedenen Prioritäten voneinander getrennt, die gleicher Prioritäten dürfen sich in der gemeinsamen Datei überlappen.

4. Eingabe der verfügbaren Kapazitäten

Für jede der Kapazitäten kann ein Verfügbarkeitsprofil über die Dauer des Planungszeitraumes eingegeben werden.

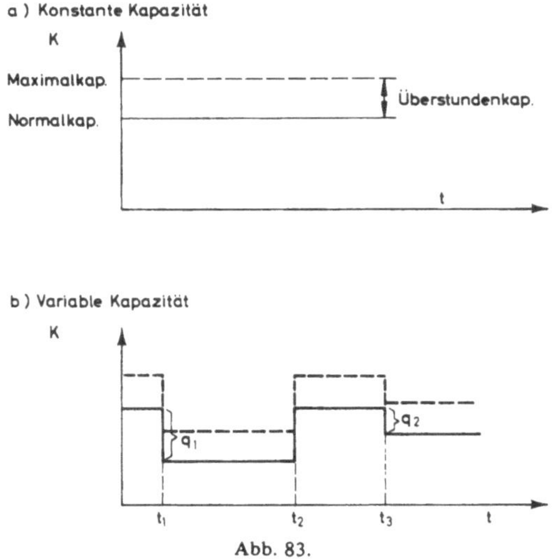

Abb. 83.

Durch Angaben der Zeitpunkte und der Größe von Kapazitätssprüngen kann ein Profil erzeugt werden. Die Größe eines Kapazitätssprungs bezieht sich stets auf Normal- und Maximalkapazität gleichzeitig. Von der Grundkapazität kann nur nach unten hin abgewichen werden.

5. Einlasten der Aktivitäten in die Kapazitäten

Für die Einlastung in die Kapazitäten kann der Benutzer wahlweise 2 verschiedene Algorithmen verwenden:

a) Algorithmus 1:

Die Aktivitäten werden entsprechend ihrer in (3.) hergestellten Sortierfolge eingelastet.

Die Einlastung einer Aktivität erfolgt zum Zeitpunkt t* sobald:

1. Alle vorhergehenden Aktivitäten zum Zeitpunkt t* schon beendet sind.
2. Die beanspruchte Kapazität im Zeitraum $[t^*, t^* + d_{i,j}]$ verfügbar ist.

b) Algorithmus 2:

Die Aktivitäten werden in Paketen eingelastet, die die gleiche Priorität und denselben spätesten Endtermin haben. Innerhalb jeden Pakets werden die Aktivitäten nicht in ihrer ursprünglichen Sortierfolge eingelastet, sondern nach einer Priorität, die aus folgenden Komponenten abgeleitet wird:

frühester Beginntermin aus PERT-Time,

frühester technologisch möglicher Termin nach Fertigstellung der vorhergehenden Aktivität und

Dauer der Aktivität.

6. Ausgabe der Ergebnisse

Der Benutzer kann die Daten selbst bestimmen, die er ausgedruckt haben möchte; er muß sich jedoch nicht sämtliche Rechenergebnisse ausgeben lassen.

Für den Ausdruck zur Verfügung stehen:

Der eingegebene Fabrikkalender

Die verfügbaren Kapazitäten nach Art und Profil

Die PERT-Time Ergebnisse: Sie können nach verschiedenen Ordnungskriterien sortiert ausgegeben werden.

Belastungskurven der Kapazitäten entsprechend den PERT-Time Ergebnissen bzw. der Multi-Projekt-Einlastung.

Charakteristische Werte der Projekte.

Daneben können ausgedruckt werden:

Die Eingabekarten,

Fehlerlisten (Das Programm prüft 334 Fehlerarten).

7. Gesamtübersicht über die Unterprogramme und einige zusätzliche Details

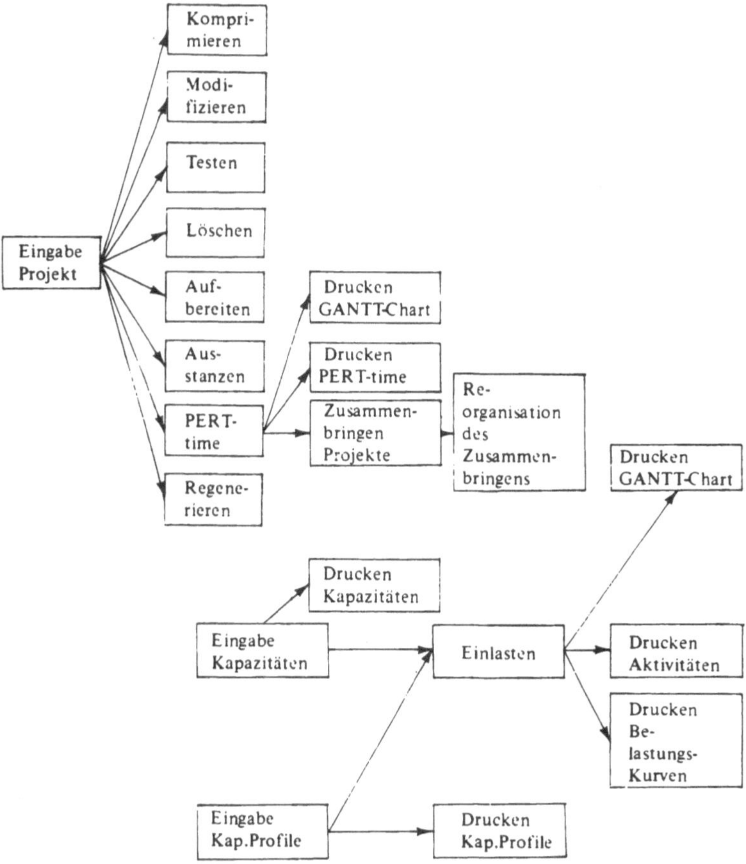

Die Eingabe der Projektdaten geschieht mit Hilfe von:

1. Projekt-Karten:
   Projekt-Nr., Projekt-Name, Starttermin, Abschlußtermin, Projekt-Priorität, Splitt-Code (Aktivitäten dürfen gesplittet werden oder nicht), Einlastungs-Code (Es darf in die Überstundenkapazität eingelastet werden oder nicht).
2. Aktivitäten-Karten:
   Beginn- und Endereignis, Einlastungs-Code, Dauer der Aktivität, beanspruchte Kapazitäten und Höhe ihrer Beanspruchung (eine Aktivität darf bis zu 10 verschiedene Kapazitäten beanspruchen).

Zu: *Komprimieren*

Weil es möglich ist, die Aktivitäten bei der Eingabe lückenhaft und unsystematisch zu numerieren, sorgt vor dem Einspeichern in die Datei eine Routine für eine fortlaufende Durchnumerierung.

Zu: *Modifizieren*

Schon eingelesene Projekte können nachträglich modifiziert werden.

Zu: *Testen*

Routine zum Aufbereiten des Ausdrucks der charakteristischen Daten und des Fortschrittsgrades der Projekte.

Zu: *Aufbereiten*

Die Aktivitäten werden in ihrer logischen Reihenfolge abgespeichert.

Zu: *Drucken PERT-time*

Folgende Auswahlmöglichkeiten ergeben sich für den Benutzer:

1. Auswahl des auszudruckenden Projekts
2. Auswahl der auszudruckenden Aktivitäten
3. Bestimmung der Sortierfolge des Ausdrucks

Als Auswahlkriterien stehen bei 2. zur Verfügung
Grenzwerte von:

a) Gesamtpuffer
b) spätestem Endtermin
c) spätestem Starttermin
d) frühestem Endtermin
e) frühestem Starttermin

Ausdruck der realen oder der Pseudo-Aktivitäten
Ausdruck aller oder nur der zeitbeanspruchenden Aktivitäten.

Bei der Bestimmung der Sortierfolge des Ausdrucks können aus den folgenden Kriterien 3 als 1., 2. und 3. Sortierkriterium zusammengestellt werden:

Beginn-Ereignis	frühester Beginn
End-Ereignis	spätester Beginn
Abteilung	Gesamtpuffer

Pro Aktivität werden folgende Informationen ausgedruckt:

Beginn-Ereignis	frühestes Ende
End-Ereignis	spätester Beginn
Code	spätestes Ende
Dauer	freier Puffer
Benennung	gesamter Puffer
frühester Beginn	

Zu: *Drucken Aktivitäten*

Der Ausdruck entspricht prinzipiell dem Ausdruck von PERT-time, jedoch unter Berücksichtigung der Verschiebungen, die sich infolge der Einlastung der Aktivitäten in die Kapazitäten ergeben haben.

9. PERT/COST

PERT/COST wurde von Control Data für die Computer 3600/3800 geschrieben. Es ist kompatibel mit PERT/TIME und baut z.T. auf dessen Ergebnissen auf. Minimal sind 32K Kernspeicherkapazität erforderlich.

I. Aufbau des Programms

Phase 1 besorgt die Dateneingabe.
Phase 2 besorgt das "updating" und Einfügen der aus PERT/TIME benötigten Informationen.
Phase 3 bereitet alle Informationen für den eigentlichen Arbeitslauf auf.
Phase 4 erzeugt die PERT/COST reports.

II. Die Leistungen des Programms im Einzelnen

1. Netzplanmethode

Es wird PERT angewendet.

Die Eingabe geht von Enderzeugnissen aus: diese werden weiter untergliedert in ihre Komponenten, die dabei entstehende Struktur dient als Grundlage für die Planung:

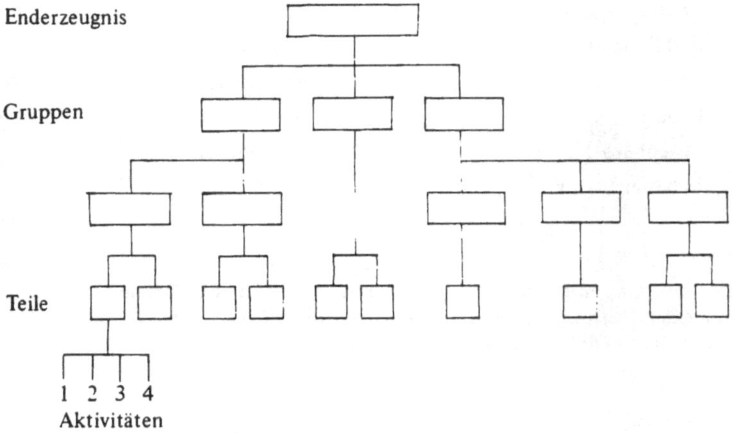

Einschließlich der Erzeugnisebene sind insgesamt 9 Auflösungsstufen zulässig. Die unterste Stufe ist erreicht, wenn die Einheiten sich zur Einplanung eignen, d. h. exakt definierbaren Aktivitäten entsprechen.

2. Dateneingabe

Neben den von Band eingegebenen Ergebnissen von PERT/TIME werden folgende Kartenarten eingelesen:

1. Programmsteuerkarten
2. Karten zur Projekt-Struktur (siehe Bild)
3. Kosten-Karten

3a. Budgetierungs-Karten teilen Kosten bzw. Stunden auf die Arbeitspakete zu.
3b. Kostenschätzungs-Karten (wie oben, jedoch mit unsicheren Werten)
3c. Istkosten-Karten (wie oben, jedoch mit unsicheren Werten)
4. Karten für die Zuordnung von Kapazitätscode und verantwortlicher Stelle
5. Karten für die Zusammenfassung nach Kostenarten
6. Karten für den Abruf des Reports.

3. Datenausgabe

Folgende Reports werden angeboten:

1. Budgetierung und updating
2. Kostenschätzung und updating
3. Finanzielle Vorschau
4. Abteilungsstatus
5. Auflistung der Kostenkategorien
6. Berichte für die Unternehmensführung
7. Projektfortschrittsbericht
8. Arbeitskräftebelastungsprofil
9. Finanzplan.

I.C.T. 1900 SERIES PERT 08/09/67 OUTPUT SHEET NUMBER 15

PROJECT P1 PRECEDENCE NETWORK RUN 1 TIME NOW 5DEC66 PAGE 1

TIME ANALYSIS SCHEDULE

S/P CODE	WORK ITEM	REPORT CODE	DESCRIPTION	DUR	EARLIEST START	LATEST START	TOTAL FLOAT
	1 B	TEC	DESIGN	5.0	5DEC66T	5DEC66T	.0
	2	TEC	PLANNING	3.0	9JAN67	9JAN67	.0
	4	TEC	TOOL DESIGN	6.0	16JAN67	16JAN67	.0
	5	PRD	TOOL MANUFACTURE	10.0	30JAN67	30JAN67	.0
	6	PRD	P/P MANUFACTURE	8.0	20FEB67	20FEB67	.0
	11	PRD	SUB-ASSEMBLY	2.0	17APR67	17APR67	.0
	12	PRD	STAGE 1 ASS M/C 1	1.0	1MAY67	1MAY67	.0
	13	PRD	STAGE 2 ASS M/C 1	1.0	8MAY67	8MAY67	.0
	21	PRD	STAGE 1 ASS M/C 2		8MAY67	8MAY67	.0
	14	QAD	FUNCTION TEST M/C 1	1.0	15MAY67	15MAY67	.0
	22	PRD	STAGE 2 ASS M/C 2	1.0	15MAY67	15MAY67	.0
	15 E	QAD	ACCEPTANCE TEST 1	2.0	22MAY67	22MAY67	.0
	23	QAD	FUNCTION TEST M/C 2	1.0	22MAY67	22MAY67	.0
	24 E	QAD	ACCEPTANCE TEST 2	2.0	30MAY67	30MAY67	.0
	7	TEC	DESIGN CIRCUITS	3.0	9JAN67	23JAN67	2.0
	3	TEX	OBTAIN RAW MATERIAL	9.0	16JAN67	30JAN67	2.0
	8	PUR	OBTAIN B.O. ITEMS	11.0	30JAN67	13FEB67	2.0
	10	PRD	SUB-ASS CIRCUITRY	1.0	17APR67	1MAY67	2.0
	16	TEC	DESIGN BASE FRAME	1.0	9JAN67	6FEB67	4.0
	18	TEC	DESIGN COVERS	1.0	16JAN67	13FEB67	4.0
	19	PRD	MAKE COVERS M/C 1	6.0	23JAN67	20FEB67	4.0
	20	PRD	MAKE COVERS M/C 2	6.0	6MAR67	3APR67	4.0
	26	PRD	FIT COVERS M/C 2	1.0	17APR67	15MAY67	4.0
	9	PRD	MAKE SPECIAL ITEMS	5.0	30JAN67	23MAR67	8.0
	25	PRD	FIT COVERS M/C 1	1.0	6MAR67	8MAY67	9.0
	17	PRD	MAKE BASE FRAME	4.0	16JAN67	3AFR67	11.0

I.C.T. 1900 SERIES PERT

PROJECT P1 PRECEDENCE NETWORK

BAR CHART SHOWING WORK ITEM STARTS AND DEPENDENCIES

SP WORK		DI-PN W 1	REP CODE	DESCRIPTION	W 1 DURTN	DEPND DURTN	7 DEC66 X . I
1	B		TEC	DESIGN	5.0		# I
1		2	TEC	DESGN IN PROGRSS		5.0	CCC
1		7	TEC	DESGN IN PROGRESS		5.0	AAA
1		16	TEC	DESGN IN PROGRSS		5.0	AAA
2			TEC	PLANNING	3.0		X I
2		3	TEX	PLANNING IN PROG		1.0	X I
2		4	TEC	PLANNING IN PROG		1.0	X I
7			TEC	DESIGN CIRCUITS	3.0		X I
7		8	TEC	WAIT CIRCUIT DSG		3.0	X I
7		9		WAIT CIRCUIT DSG		3.0	X I
16			TEC	DESIGN BASE FRAME	1.0		X I
16		17	TEC	DESIGNING B/FRME		1.0	X I
16		18	TEC	DESIGNING B/FRME		1.0	X I
3			TEC	OBTAIN RAW MATERIAL	9.0		X I
3		6	TEC	WAITING RAW MATL		3.0	X I
4			TEC	TOOL DESIGN	6.0		X I
4		5	TEC	TOOL DESN IN PRG		2.0	X I
17			PRD	MAKE BASE FRAME	4.0		X I
17		12	PRD	MAKING B/FRAME		4.0	X I
18			TEC	DESIGN COVERS	1.0		X I
18		19	TEC	DESIGNING COVERS		1.0	X I
19			PRD	MAKE COVERS M/C 1	6.0		X I
19		20	PRD	MAKING CVRS M/C 1		6.0	X I
19		25	PRD	MAKING CVRS M/C 1		6.0	X I
5			PRD	TOOL MANUFACTURE	10.0		X I
5		6	PRD	TOOLS IN MANUFAC		3.0	X I
8			PUR	OBTAIN B.O. ITEM	11.0		X I
8		10	PUR	WAITING B.O. ITMS		11.0	X I
9			PRD	MAKE SPECIAL ITEMS	5.0		X I
9		10	PRD	MAKING SPL ITEMS		5.0	X I
6			PRD	P/P MANUFACTURE	8.0		X I
6		10	PRD	WAITING P/P MANU		8.0	X I
6		11	PRD	WAITING P/P MANU		8.0	X I
20			PRD	MAKE COVERS M/C 2	6.0		X I
20		26	PRD	MAKING CVRS M/C 2		6.0	X I
25			PRD	FIT COVERS M/C 1	1.0		X I
25		14	PRD	FITTING COVERS 1		1.0	X I
10			PRD	SUB-ASS CIRCUITRY	1.0		X I
10		13	PRD	WAITING S/A CIRC		1.0	X I
10		21	PRD	WAITING S/A CIRC		1.0	X I
11			PRD	SUB-ASSEMBLY	2.0		X I
11		12	PRD	S/A IN PROGRESS		2.0	X I
26			PRD	FIT COVERS M/C 2	1.0		X I
26		23	PRD	FITTING COVERS 2		1.0	X I
12			PRD	STAGE 1 ASS M/C 1	1.0		X I
12		13	PRD	STAGE 1/1 IN PRG		1.0	X I
12		21	PRD	STAGE 1/1 IN PRG		1.0	X I

OUTPUT SHEET NUMBER 17

RUN 1 TIME NOW 5DEC66 PAGE 1

Literatur

[1] *Allan, T., Breu, M.:* Handbuch der Netzplantechnik. Winterthur 1965

[2] *Becker, A.M.:* Handbuch der dynamischen Netzplantechnik für die Planung und Überwachung von Aufträgen. Winterthur 1969

[3] *Behnke, H.:* Netzplantechnik und operative Planung in der Industrie. München 1970

[4] *Brandenberger, J., Konrad, R.* Netzplantechnik. Eine Einführung. Zürich 1965

[5] *Breitenberger, E.:* Development projects as stochastic processes. Dahlgren 1959

[6] *Bubeck, P.:* Methoden der Netzplantechnik. VDI-Bildungswerk BW 702

[7] *Bubeck, P.:* Netzplantechnik unter Berücksichtigung von Kapazitätsgrenzen. VDI-Bildungswerk BL 703

[8] *Buttler, G.:* Netzwerkplanung. Würzburg Wien 1968

[9] *Buttler, G.:* Die deterministische Planung komplexer Betriebsvorgänge mit Hilfe der Netzplantechnik unter besonderer Berücksichtigung der Beschäftigungs- und Kostensituation. Diss. Köln 1966

[10] *Elmaghraby, Salah E.:* Some Network Models in Management Science. Vol. 29. 1970. S. 1 ff.

[11] *Falkenhausen, H. von:* Prinzipien und Rechenverfahren der Netzplantechnik. Kiel 1965

[12] *Falkenhausen, H. von:* Prinzipien und Rechenverfahren der Netzplantechnik. ADL-Nachrichten 9 (1964) 30. 33. 34. 35

[13] *Ford-Fulkerson:* Flow in Networks. Princeton University Press. Princeton. New Yersey. 1962

[14] *Fulkerson, D.R.:* A network flow computation for project cost curves. Management Science 7 (1961) 2. S. 167–178

[15] *Gericke/Langrock:* Die Netzwerktechnik als neue Methode zur Planung und Kontrolle von Forschung und Entwicklung. Wirtschaftswissenschaft 13 (1965) 2. S. 289–307

[16] *Gewald/Kasper:* Erfahrungen bei der Anwendung von Projektplanungsmethoden (Netzplantechnik), Elektronische Rechenanlagen 7 (1965) 3, S. 147 bis 157

[17] *Kern, N.:* Programme für die Netzberechnung auf Rechenautomaten, AKOR 6 (1965), S. 250–264

[18] *Lambourn, S.:* Resource Allocation and Multiproject Scheduling. (RAMPS) – A New Tool on Planning and Control, The Computer Journal, Vol. 5 (1963) 4

[19] *Lockeyer, K.G.:* Einführung in die Netzplantechnik, Köln 1968

[20] *Lüttgen, H.:* Reduktion und Dekomposition von PERT-Netzen. Ablauf- und Planungsforschung, Band 8 (1967) Heft 3, S. 370–379

[21] *Müller, R.W.:* Schedule, Cost and Profit with PERT, Mc Graw-Hill 1963

[22] *Rosenkanz, F.:* Netzwerktechnik und wirtschaftliche Anwendung, mit besonderer Berücksichtigung der Netzplantechnik, Meisenheim am Glan 1968

[23] *Schriftenreihe Datenverarbeitung:* Die Praxis von PERT, Köln/Opladen 1967

[24] *Thumb, N.:* Grundlagen und Praxis der Netzplantechnik, München 1968

[25] *Weber, K.:* Projektanalyse mit PERT, Industrielle Organisation 36 (1967) Heft 2, S. 65–94

[26] *Wille/Gewald/Weber:* Netzplantechnik. Methoden zur Planung und Überwachung von Projekten, Band I: Zeitplanung, München/Wien 1966

Lineare Programmierung

Ein programmiertes Lehrbuch. Von *Hans-Jürgen Zimmermann* und *Johannes Zielinski.* Mitarbeit Basistext: *Sebastian Dworatschek.* Programmierung: *Wilhelm Keller.* Groß-Oktav. 365 Seiten. 1971. Broschiert DM 28,– (de Gruyter Lehrbuch programmiert) ISBN 3 11 001992 2

Einführung in die lineare Planungsrechnung

mit ALGOL- und FORTRAN-Programmen. Von *Gerhard Niemeyer* Groß-Oktav. 239 Seiten. 1968. DM 18,– (de Gruyter Lehrbuch) ISBN 3 11 000921 8

Diskrete optimale Steuerungsprobleme und konvexe Optimierung

Von *Heiner Fränkel.* Groß-Oktav. 102 Seiten. 1971. DM 28,– (Operations Research) ISBN 3 11 003575 8

Stochastische Netzwerkverfahren und deren Anwendungen

Von *Hubert Völzgen.* Groß-Oktav. 103 Seiten. 1971. DM 32,– (Operations Research) ISBN 3 11 003560 X

Mathematische Propädeutik für Wirtschaftswissenschaftler

Von *Wolfgang Wetzel, Horst Skarabis, Peter Naeve.* Teil 1: Lineare Algebra. Groß-Oktav. 99 Seiten. 1968. DM 8,– (de Gruyter Lehrbuch) ISBN 3 11 000924 2

Finanzmathematik

Von *Marcel Nicolas.* 2. verbesserte Auflage. 192 Seiten. Mit 11 Tafeln, 8 Tabellen und 72 Beispielen. 1967. DM 5,80 (Sammlung Göschen Band 1183/1183 a) ISBN 3 11 006271 2

Einführung in die Theorie der Spiele

mit Anwendungsbeispielen, insbesondere aus Wirtschaftslehre und Soziologie. Von *Ewald Burger.* 2., durchgesehene Auflage. 169 Seiten. 1966. Ganzleinen DM 28,–. ISBN 3 11 000866 1

Allgemeine Methodenlehre der Statistik

Von *Johann Pfanzagl.* 2 Bände. (Sammlung Göschen)
I: Elementare Methoden unter besonderer Berücksichtigung der Anwendungen in den Wirtschafts- und Sozialwissenschaften. 5. verbesserte Auflage. Etwa 248 Seiten. 1971. ISBN 3 11 003476 X
II: Höhere Methoden unter besonderer Berücksichtigung der Anwendungen in Naturwissenschaften, Medizin und Technik. 3. verbesserte Auflage. 315 Seiten. Mit 41 Abbildungen. 1968. DM 5,80 (Band 647/647 a) ISBN 3 11 006172 4

Lehrbuch der praktischen Statistik

Bevölkerungs-, Wirtschafts-, Sozialstatistik. Von *Peter Quante.* Groß-Oktav. 433 Seiten. 1961. Ganzleinen DM 30,–. ISBN 3 11 000877 7

Statistische Tabellen

Von *Wolfgang Wetzel – Max-Detlev Jöhnk – Peter Naeve.* Quart. 170 Seiten. 1967. DM 18,–. ISBN 3 11 000908 0

Kleines Lehrbuch der Statistik

für Naturwissenschaft und Technik, Psychologie, Sozialforschung und Wirtschaft. Von *O.W. Haseloff* und *H.-J. Hoffmann.* 4. neubearbeitete und erweiterte Auflage. Mit 59 Figuren, 99 Tabellen, einem Anhang statistischer Arbeitstabellen, Übungsaufgaben und einer Ausschlagtafel. Oktav. XII, 330 Seiten. 1970. Plastik, flexibel DM 19,80.
ISBN 3 11 000716 9

Stichprobenverfahren

Von *William G. Cochran.* Groß-Oktav. Etwa 420 Seiten. Gebunden etwa DM 68,–. In Vorbereitung. ISBN 3 11 002040 8

Allgemeine Betriebswirtschaftslehre

Von *Konrad Mellerowicz.* 4 Bände. 12./13. Auflage. Je Band DM 5,80 (Sammlung Göschen)
I: 224 Seiten. 1969. (1008/1008 a) ISBN 3 11 006218 6
II: 188 Seiten. 1970. (1153/1153 a) ISBN 3 11 002767 4
III: 260 Seiten. 1967. (1154/1154 a) ISBN 3 11 006260 7
IV: 217 Seiten. 1968. (1186/1186 a) ISBN 3 11 006273 9

Allgemeine Betriebswirtschaftslehre

V: Die betrieblichen sozialen Funktionen. Von *Konrad Mellerowicz.* 241 Seiten. 1971. DM 7,80 (Sammlung Göschen Band 4004)
ISBN 3 11 003479 4

Betriebsverbindungen

Von *Erwin Grochla.* 263 Seiten. Mit 12 Abbildungen. 1969. DM 5,80 (Sammlung Göschen Band 1235/1235 a) ISBN 3 11 002790 9

Internationaler Grundriß der wissenschaftlichen Unternehmensführung

Von *Kurt Junckerstorff.* Groß-Oktav. 283 Seiten. 1964. Ganzleinen DM 34,–. ISBN 3 11 000897 1

Kostenrechnung und Kalkulation

Von *Erich Kosiol.* 249 Seiten. Mit 43 Abbildungen. 1969. DM 5,80 (Sammlung Göschen Band 1214/1214 a) ISBN 3 11 002778 X

Grundfragen des Management

Mensch und Organisation in der Unternehmung. Von *Hans Fritz Groß.* 179 Seiten. Mit 27 Figuren. 1971. DM 7,80 (Sammlung Göschen Band 4008) ISBN 3 11 001904 3

Handbuch für Systemorganisation

Von *Werner Sommer.* Groß-Oktav. Etwa 390 Seiten. Mit zahlreichen Abbildungen. 1971. Gebunden DM 96,–. ISBN 3 11 001980 9

Buchhaltung und Bilanz

Von *Erich Kosiol.* 2. überarbeitete und veränderte Auflage. 186 Seiten. 1967. DM 5,80 (Sammlung Göschen Band 1213/1213 a)
ISBN 3 10 752067 8

Budgetierung

Grundsätze und Praxis der betriebswirtschaftlichen Planung. Von *Herman C. Heiser.* Groß-Oktav. 425 Seiten. 1964. Ganzleinen DM 68,–.
ISBN 3 11 000893 9

Kosten und Kostenrechnung

Von *Konrad Mellerowicz*. 4. durchgesehene und umgearbeitete Auflage. Groß-Oktav. 2 Bände. Ganzleinen. I: Theorie der Kosten. XII, 553 Seiten. 1963. DM 30,–. ISBN 3 11 000861 0; II,1: Verfahren, Allgemeine Fragen der Kostenrechnung und Betriebsabrechnung. XVI, 534 Seiten. 1966. DM 38,–. ISBN 3 11 000862 9; II,2: Verfahren, Kalkulation und Auswertung der Kostenrechnung und Betriebsabrechnung. VIII, 588 Seiten. 1968. DM 48,–. ISBN 3 11 000863 7

Unternehmensgröße und Leitungsaufbau

Von *Karl-Heinz Berger*. Groß-Oktav. Mit 15 Abbildungen und 8 Tabellen. 188 Seiten. 1968. Gebunden DM 34,–. ISBN 3 11 000907 2

Investitionsrechnung

Von *Heinrich H. Jonas*. Groß-Oktav. Mit zahlreichen Tabellen und Abbildungen. 153 Seiten. 1964. Ganzleinen DM 28,–. ISBN 3 11 000895 5

Betriebliche Investitionsentscheidungen

Von *Erich Priewasser*. Groß-Oktav. Etwa 160 Seiten. Mit zahlreichen Abbildungen und Tabellen. 1971. Gebunden etwa DM 38,–. ISBN 3 11 001978 7

Daten als Grundlage für Investitionsentscheidungen

Theoretische Anforderungen und praktische Möglichkeiten der Datenermittlung im Rahmen des investitionspolitischen Entscheidungsprozesses. Von *Gunter Frischmuth*. Groß-Oktav. 269 Seiten. 1969. Gebunden DM 42,–. ISBN 3 11 000929 3

Planung und Entwicklung neuer Produkte

Von *Klaus Brankamp*. Groß-Oktav. 180 Seiten. Mit 117 Abbildungen. 1971. DM 30,–. ISBN 3 11 001960 4

Einführung in die Datenverarbeitung

Von *Sebastian Dworatschek*. 4. verbesserte Auflage. Groß-Oktav. Mit 266 Bildern, 189 Übungsaufgaben und einem Abbildungsanhang. XVI, 371 Seiten. 1971. Gebunden DM 24,– (de Gruyter Lehrbuch) ISBN 3 11 003669 X

IDV-Lernprogramm Elektronische Datenverarbeitung

Ein PU-Lehrgang mit Steuertexten für Manager, EDV-Fachleute, Sachbearbeiter, Studenten, Allgemein Interessierte. Hrsg. vom IDV-Institut für elektronische Datenverarbeitung, Zürich, in Verbindung mit dem Institut für Betriebswirtschaft an der Hochschule St. Gallen. 2 Bände. Quart. Band I: XVI, 291 Seiten, Band II: 326 Seiten. DM 96,–. ISBN 3 11 003550 2

Schaltalgebra und digitale Grundschaltungen

(Teilprogrammierter Text) Von *Sebastian Dworatschek* unter Mitarbeit von *Hermann Gehring*. Mit zahlreichen Abbildungen und 73 Übungsaufgaben mit Lösungen. Groß-Oktav. 127 Seiten. 1970. DM 12,– (de Gruyter Lehrbuch) ISBN 3 11 000850 5

Regelkreistheorie und Datenverarbeitung

Herausgegeben von D. Bell und A.W.J. Griffin. Groß-Oktav. 264 Seiten. 1971. DM 48,–. ISBN 3 11 006430 8

Digitale Rechenautomaten
Eine Einführung. Von *Rainer Klar.* 205 Seiten. Mit 19 Tabellen, 75 Abbildungen und 37 Beispielen. 1970. DM 5,80 (Sammlung Göschen Band 1241/1241a) ISBN 3 11 002793 3

Aufbau und Arbeitsweise von Compilern
Von *Hans Jürgen Schneider.* Groß-Oktav. Etwa 160 Seiten. 1971. Etwa DM 28,–. In Vorbereitung. ISBN 3 11 002058 0

Digitalrechner in technischen Prozessen
Von *Helmut Hotes.* Groß-Oktav. IV, 313 Seiten. Mit zahlreichen Abbildungen. 1967. Gebunden DM 48,–. ISBN 3 11 000909 9

Einführung in die Programmierung digitaler Rechenautomaten
Von *Fritz Rudolf Güntsch* und *Hans Jürgen Schneider.* 3. Auflage. Groß-Oktav. Mit 3 Tafeln und vielen Textabbildungen. Etwa 388 Seiten. 1971. Etwa DM 54,–. ISBN 3 11 001969 8

Programmierung von Datenverarbeitungsanlagen
Von *Hans Jürgen Schneider* und *Dieter Jurksch.* 2. erweiterte Auflage. 145 Seiten. Mit 14 Abbildungen und 8 Tabellen. 1970. DM 5,80 (Sammlung Göschen Band 1225/1225a) ISBN 3 11 006414 6

Einführung in das Programmieren in ALGOL
Von *Georg Bayer.* 2. verbesserte Auflage. Groß-Oktav. 172 Seiten. Mit 26 Abbildungen. 1971. DM 12,– (de Gruyter Lehrbuch) ISBN 3 11 002065 3

Programmierübungen in ALGOL 60
Von *Georg Bayer.* Unter Mitarbeit von *Lothar Potratz* und *Siegfried Weiß.* Groß-Oktav. 90 Seiten. 1971. DM 10,– (de Gruyter Lehrbuch) ISBN 3 11 006433 2

Einführung in das Programmieren
Teil 2: Programmieren in einer Assembler Sprache. Von *Georg Bayer.* Oktav. 132 Seiten. 1969. DM 12,– (de Gruyter Lehrbuch) ISBN 3 11 000926 9

Einführung in das Programmieren in FORTRAN
Von *Wolfgang E. Spieß* und *Friedrich G. Rheingans.* 2. erweiterte und verbesserte Auflage. Groß-Oktav. 216 Seiten. Mit 19 Abbildungen und 13 Tabellen, Programmierbeispielen und Übungen. 1971. DM 14,– (de Gruyter Lehrbuch) ISBN 3 10 120570 3

IDV-Lernprogramm FORTRAN
Ein PU-Lehrgang für Ingenieure, Techniker, Ökonomen und Naturwissenschaftler. Hrsg. vom IDV-Institut für elektronische Datenverarbeitung, Zürich, in Verbindung mit dem Institut für Betriebswirtschaft an der Hochschule St. Gallen. Quart. 212 Seiten. 1971. DM 48,–. ISBN 3 11 003576 6

Walter de Gruyter Berlin · New York

Kolibri 360 GmbH
Ferdinand-Jühlke-Straße 7
99095 Erfurt, Deutschland
produktsicherheit@kolibri360.de